ENERGÍA
SOLAR

Néstor Pedro Quadri

Ingeniero graduado en la Facultad de Buenos Aires de la Universidad Tecnológica Nacional, especializado en instalaciones de edificios, donde fue docente e investigador. Se ha desempeñado como profesor en instalaciones de edificios en las Facultades de Ingeniería de Morón, y UTN (Avellaneda) y en las Facultades de Arquitectura de Buenos Aires y Belgrano. En la especialidad de energía solar, trabajó en la realización de proyectos de instalaciones solares térmicas en ENTEL y de instalaciones fotovoltaicas para centrales no atendidas en TELECOM SA. Actualmente dicta cursos de capacitación en la Cámara Argentina de Aire Acondicionado y Calefacción.

ENERGÍA SOLAR

6ª Edición Actualizada

LIBRERIA Y EDITORIAL ALSINA

alsina@lealsina.com
www.lealsina.com
ARGENTINA

2016

www.lealsina.com
info@lealsina.com

Queda hecho el depósito que establece la Ley 11.723

IMPRESO EN ARGENTINA

ISBN 978-950-553-111-0

Quadri, Néstor Pedro
Energía solar : agua caliente : energía fotovoltaica : calefacción : energía eólica : refrigeración : biomasa / Quadri, Néstor Pedro. - 2a ed . 6a reimp. - Ciudad Autónoma de Buenos Aires : Librería y Editorial Alsina, 2016.
181 p. ; 23x16 cm.

ISBN 978-950-553-111-0

1. Energía Solar. I. Título
CDD 621.47

PROLOGO

El propósito de esta publicación es el propender a la divulgación técnica del uso de lo que hoy se conoce genéricamente con el nombre de *fuentes de energías no convencionales,* que están constituidas por los energéticos renovables, mediante una descripción global y sencilla de las instalaciones destinadas a su aprovechamiento.

Se han analizado técnicamente las distintas formas para la captación de la energía solar, desde el diseño mismo del edificio lo que constituye la denominada *arquitectura solar,* hasta los sistemas activos destinados a la producción de agua caliente, calefacción y refrigeración. Se tratan además los sistemas de producción de electricidad mediante conversión fotovoltaica, así como la aplicación de la energía eólica, biomasa y uso de biocombustibles, aprovechamiento de la energía geotérmica, del mar, etc.

Por último, se describen los problemas ambientales provocados por la contaminación del aire y el calentamiento global, debido al efecto de las emanaciones originada por los gases de la combustión de los energéticos convencionales.

Para la confección de los diversos capítulos, se han tenido en cuenta las Normas del IRAM del Instituto Argentino de Racionalización de Materiales, datos del Servicio Meteorológico Nacional, Red Solarimétrica de la Comisión Nacional de Investigaciones Espaciales, Normas y Ensayos del Instituto Nacional de Tecnología Agropecuaria, así como información de fabricantes de equipos nacionales y extranjeros y la bibliografía que se recomienda al final.

En la elaboración de los diversos temas tratados, se han establecido métodos simples de cálculos y aportado datos que surgen de la experiencia práctica, tendientes a la determinación del anteproyecto básico, con objeto de facilitar la evaluación en cada caso de la factibilidad técnico económica de aplicación de estas instalaciones.

EL AUTOR

INDICE GENERAL

Introducción

La característica principal de las diversas formas de energía es su posibilidad de transformación. Por ejemplo, en una central eléctrica solar, la energía del sol en forma de ondas electromagnéticas se transforma en electricidad por efecto fotovoltaico, la que a su vez puede convertirse en energía mecánica cuando se accionan motores o en energía lumínica en *lámparas eléctricas*.

Del mismo modo quemando combustible en una caldera de una central termoeléctrica, la energía térmica sobre una masa de agua genera vapor a alta presión, que a su vez arrastra una turbina la que adosada al generador, produce energía eléctrica, susceptible de convertirse como en el caso anterior.

Surge de los dos ejemplos planteados que el resultado final de transformación energética es el mismo, pero el proceso parte por un lado de la captación en forma directa de la energía solar, mientras que por el otro se suelen emplear combustibles fósiles como el petróleo, gas natural o carbón mineral.

Estos recursos naturales, que en los últimos años se han empleado para satisfacer necesidades de todo orden, están destinados a un agotamiento más o menos próximo, por lo que normalmente se los denomina como *no renovables*.

La radiación solar, por el contrario, constituye el ejemplo clásico de una forma de energía no sujeta a agotamiento. Para propender al uso de estos recursos, se ha efectuado el análisis de diversas fuentes energéticas que se derivan de la radiación solar.

El gran avance tecnológico ha originado el uso cada vez mayor de energía, produciendo un aumento casi exponencial de sus necesidades, lo que ha llevado a una explotación muchas veces irracional de los combustibles tradicionales, originando de ese modo, una continua disminución de las reservas.

Por lo tanto, es de vital interés para la humanidad analizar los medios de aprovechamiento de las fuentes de energía no convencionales a fin de mantener e incrementar el desarrollo tecnológico e industrial.

Además, ello permitirá prolongar en el tiempo la aplicación de los combustibles no renovables, como el petróleo, por ejemplo, para utilizarlo en industrias muy importantes como la petroquímica y sus derivados.

De ese modo, el mundo se encuentra inmerso en una situación crucial como lo es la necesidad de efectuar cambios progresivos en la utilización de los combustibles, debiendo adaptar la industria y el estado de vida a nuevas formas de energía.

Por ello, no puede concebirse en la actualidad el desarrollo industrial de un país, si no se armoniza la explotación de todas las formas de energía disponibles.

La utilización de los combustibles tradicionales no renovables como el petróleo, gas natural o carbón mineral produce también una degradación paulatina del medio ambiente. Lo mismo ocurre con la energía nuclear, además de los peligros y problemas que origina su uso y eliminación de deshechos radiactivos.

Surge de lo indicado, la conveniencia de la aplicación de la energía solar que es limpia e imperecedera, pudiendo producir su aplicación masiva el mejoramiento de las condiciones ecológicas o sea una mejor relación del hombre con su ámbito natural.

La energía solar, según su forma de captación y aplicación puede clasificarse de la siguiente manera:

- Energía solar directa
- Energía solar indirecta

La energía solar *directa* constituye la energía térmica, termodinámica y fotovoltaica.

La energía solar *indirecta* la componen la energía eólica, hidroeléctrica, biomasa, del mar, geotérmica, etc.

Todas estas formas de energías, así como la atómica, deben ser consideradas como factor de complemento e integración para que el consumo de los energéticos tradicionales se reservan a usos de mayor valor en el presente y sobre todo en el futuro.

Surge entonces, el concepto de los *sistemas energéticos integrados,* que se basa en el equilibrio y complementación, aprovechando la energía disponible según el lugar y tipo de aplicación.

Las perspectivas globales de la energía solar son muy importantes. Determinadas aplicaciones como la calefacción y calentamiento de agua, son ya competitivas con los energéticos tradicionales, así como la producción de electricidad mediante conversión fotovoltaica, y lo serán cada vez más en la medida que dichos combustibles sean más escasos y costosos.

Los criterios que se establecen para el desarrollo de los sistemas de energías no convencionales son los siguientes:

- Mínimos costos, compatibles con una vida útil probable de los sistemas de 15 a 20 años en condiciones normales de servicio, para cubrir de esa forma los períodos de amortización.
- Estudio de soluciones técnicas sencillas que originen el mínimo posible de componentes, para facilitar su utilización y mantenimiento.
- Elevado grado de confiabilidad funcional del sistema, de modo de lograr respuesta satisfactoria en su aplicación.

Por último, debe señalarse la ventajosa aplicación de estos sistemas en asentamientos aislados, establecimientos rurales, lugares alejados de núcleos urbanos o de acceso dificultoso para el suministro de los combustibles tradicionales.

CAPÍTULO I

CARACTERÍSTICAS DE LA ENERGÍA SOLAR

Generalidades

El sol es una estrella de tamaño mediano, con un diámetro aproximado de 1.390.000 kilómetros y una masa 330.000 veces superior a la tierra, a una distancia media de 150 millones de kilómetros.

La energía proveniente del sol es el resultado de un proceso de fusión termonuclear, siendo el combustible principal el hidrógeno.

Si se analiza el átomo de hidrógeno, esta constituido por un núcleo en el centro compuesto por un neutrón y un protón que lleva una carga eléctrica positiva, rodeado de un electrón de carga eléctrica negativa que gira alrededor del mismo.

Bajo la gran presión a que esta sometido el centro del sol, debido a su enorme masa, los electrones se disgregan y los núcleos con protones pueden moverse libremente y acercarse uno junto a otro, mucho más de lo que podían hacerlo cuando estaban rodeados por la capa de electrones.

Pero no solo eso, sino que se producen choques entre los mismos, convirtiéndose la energía del impulso en calor, que los funde, generándose el proceso que se denomina *fusión termonuclear*.

Por ello en el centro del sol se alcanzan temperaturas de 20×10^6 grados kelvin, siendo la temperatura de su exterior o parte visible denominada fotósfera, de alrededor de 6000 °K

En el proceso de tales reacciones termonucleares, algunos protones pierden su carga eléctrica para convertirse en neutrones y entonces se originan núcleos formados por dos protones y dos neutrones, que constituyen *átomos de helio*.

Así entonces, cuando un número determinado de núcleos se funden para formar uno nuevo, el conjunto *contiene menos masa* debido a que parte de la misma se *convierte en energía y se dispersa por radiación*.

Una de las formas de emisión de la energía por radiación es por *fotones de radiación electromagnética* carentes de masa, que van desde los rayos gamma que son mas energéticos, a las ondas radioeléctricas de menos energía.

La *luz visible* es parte de esa clase de radiación y sobre la tierra sólo llega una ínfima proporción de esa energía dado que la misma se propaga en el vacío en todas las direcciones, con una intensidad inversamente proporcional al cuadrado de la distancia.

Según las características físicas, la radiación electromagnética está compuesta de rayos de diferentes longitudes de ondas, que viajan a una velocidad de 300.000 km/seg.

A pesar de que la radiación es de la misma naturaleza, puede ejercer acciones muy diversas en los cuerpos sobre los que incide, según la longitud de onda.

Así se tienen, los rayos químicamente activos como los rayos gamma y los rayos X que constituyen la *radiación ultravioleta* con longitudes menores de 0,4 micrones.

La radiación visible o luminosa varía entre longitudes de onda de 0,4 y 0,75 micrones y la *radiación infrarroja* esta comprendida para longitudes mayores de 0,75 micrones.

Sólo los rayos comprendidos dentro de la longitud de onda de la zona visible son perceptibles dentro del espectro solar.

La energía radiante *puede convertirse en calor*. Así en el límite de la atmósfera, la intensidad de radiación sobre una superficie perpendicular o normal a los rayos incidentes es en promedio de 1,353 Kw por metro cuadrado, valor que se denomina *constante solar.*

No obstante al atravesar la atmósfera esa radiación se va debilitando debido a dos causas:

- Las moléculas gaseosas y partículas de polvo reflejan los rayos, dispersándolos en todas direcciones (radiación difusa)
- El vapor de agua y anhídrido carbónico del aire atmosférico absorben los rayos de determinadas longitudes de onda.

Como consecuencia de la reflexión difusa y de la absorción de la radiación, una superficie normal cerca del suelo solo recibe una parte de la intensidad de radiación solar eficaz en el límite de la atmósfera (30 km aproximadamente).

Se estima que con cielo despejado y aproximadamente 40° de latitud, la radiación solar disminuye a 1 kw/m^2, sucediendo ello cuando el sol está en la *posición más elevada* incidiendo sobre una superficie perpendicular a los rayos incidentes.

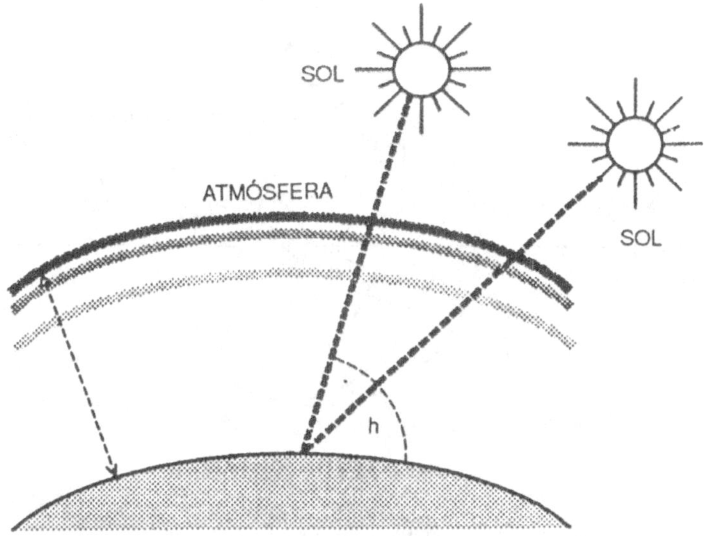

FIG. 1-I. Intensidad de la radiación solar según altitud relativa del sol.

Sin embargo dicha radiación varía constantemente con la *altura* del sol tanto a lo largo del día como del año, debido a que cuanto más bajo está el sol, mayor es la *distancia* que deben recorrer los rayos a través de la atmósfera, como se observa en la figura 1-I.

La posición del sol en el cielo en las distintas horas del día depende de dos factores:

- Posición del observador
- Estaciones del año

POSICIÓN DEL OBSERVADOR

Esta posición se determina sobre la superficie de la tierra, mediante dos coordenadas geográficas:

- Longitud medida en grados sobre el meridiano de Greenwich
- Latitud medida en grados desde el Ecuador hacia los polos

ESTACIONES DEL AÑO

La órbita que describe la tierra queda en un plano denominado *eclíptica* que contiene el centro de la tierra y el centro de figura del sol. En ese plano el eje de rotación de la tierra es de 23° 27'.

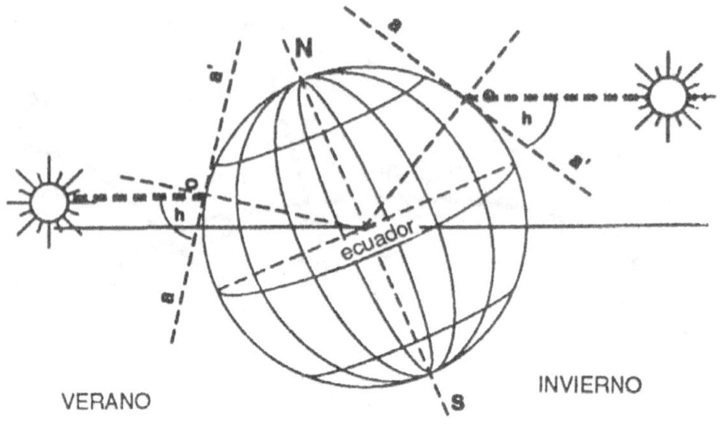

FIG. 2·I. Altura del sol en el horizonte en invierno y verano.

La consecuencia de la constante inclinación del eje es que en las distintas épocas del año, un observador ubicado en el mismo sitio en la tierra, ve el sol al mediodía más alto con respecto al horizonte en verano que en invierno, tal cual se detalla en la figura 2-I.

Consecuentemente con ello, los rayos del sol inciden en la tierra más oblicuamente en invierno que en verano, y las horas del sol son inferiores.

La rotación de la tierra alrededor de su eje, y el ángulo que forma en el plano de la eclíptica respecto al plano del Ecuador hacen que la radiación solar al llegar a un determinado punto de la superficie terrestre, haya tenido que recorrer una distancia distinta dentro de la atmósfera.

Por otra parte como el ángulo de incidencia es diferente para cada día del año, varia la dirección y duración de incidencia de los rayos.

Estos fenómenos dan lugar a la sucesión de estaciones del año.

El ángulo de incidencia de los rayos solares alcanza su máximo el día 21 de diciembre en verano y su mínimo el 21 de junio en invierno, en el hemisferio sur.

Radiación solar sobre una superficie plana

Como consecuencia de lo indicado precedentemente, la radiación sobre una superficie plana es función de los siguientes parámetros:

- Inclinación de la superficie
- Latitud del lugar
- Día del año
- Hora del día
- Estado climático

Para variar la incidencia solar de los parámetros indicados sólo se puede actuar sobre la orientación e inclinación de la superficie. En general, fijando las restantes variables, la radiación es máxima en promedio diario si está orientada al norte en el hemisferio sur.

En la tabla del cuadro 1-I. se indican los valores de intensidad de calor por efecto solar sobre superficies horizontales y diversas inclinaciones (Ih: kcal/día m^2) durante los meses del año, para la Ciudad de Buenos Aires.

En la figura 3-I se muestra un gráfico que da una idea de como se reparte diariamente el calor solar sobre las diversas superficies incidentes, durante la época de verano.

CUADRO 1.I.

INTENSIDAD DE CALOR SOLAR SOBRE SUPERFICIE HORIZONTAL Y DIVERSAS INCLINACIONES (Ih: kcal/día m^2) DURANTE LOS MESES DEL AÑO PARA LA CIUDAD DE BUENOS AIRES

Latitud sur: 34,4° ≈ 35°

MES	ORIENTACIÓN E INCLINACIÓN DE LA SUPERFICIE				
	horizontal	*norte* inclinación 15° (latitud -20°)	*norte* inclinación 25° (latitud - 10°)	*norte* inclinación 35° (latitud)	*norte* inclinación 45° (latitud + 10°)
Enero	5730	5590	5400	5110	4730
Febrero	5160	5230	5160	4990	4510
Marzo	4660	4570	4550	4540	4440
Abril	3200	3680	3920	4060	4130
Mayo	2220	2720	2960	3220	3350
Junio	1790	2250	2510	2700	2840
Julio	1900	2370	2600	2800	2940
Agosto	2630	3080	3300	3460	3540
Setiembre	3540	3870	4010	4040	4110
Octubre	4620	4540	4520	4420	4230
Noviembre	5450	5380	5210	4970	4640
Diciembre	5640	5470	5230	4920	4540

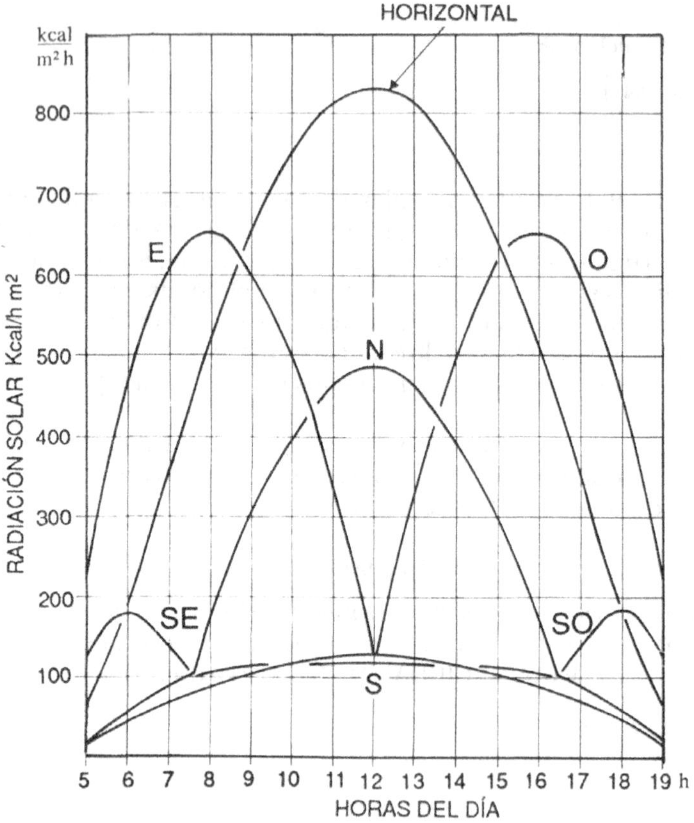

FIG. 3-I. Variación diaria de radiación solar sobre distintas superficies.

Efecto invernadero

Las sustancias que absorben una radiación son calentadas por éstas, lo que indica que las ondas electromagnéticas activan el movimiento molecular, o sea aumenta su contenido de energía calórica.

Las sustancias transparentes dejan pasar la radiación solar en forma de luz visible y por lo tanto no son calentadas apreciablemente por ellas.

Para que la energía radiante *pueda ser convertida en calor, es necesario primero que sea absorbida por la sustancia.* Si la sustancia es *reflejante* tampoco es sensiblemente calentada por la radiación incidente.

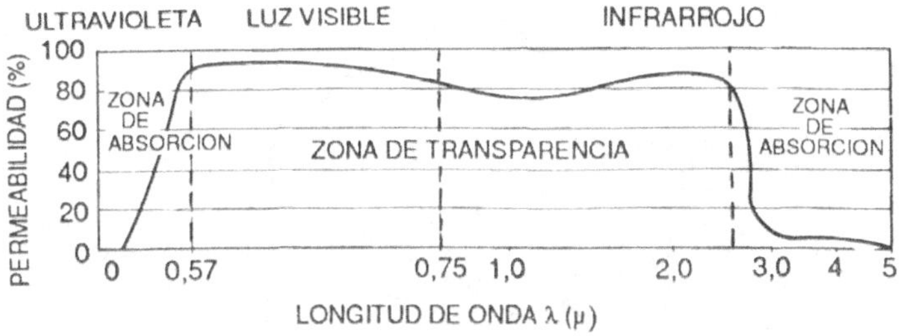

FIG. 4-I. Diagrama de absorción de calor del vidrio.

En realidad todas las sustancias emiten energía radiante; los cuerpos calientes como el sol en grandes cantidades, mientras que los fríos en cantidades menores.

A medida que un cuerpo pierde energía por radiación, su temperatura disminuye, a menos que se le suministre calor para reponer la energía perdida.

Todos los cuerpos y sustancias absorben energía radiante en cierta medida, de modo que hay un continuo intercambio entre los cuerpos que están a diferentes temperaturas.

Las paredes exteriores de los edificios que se encuentran directamente expuestas a los rayos solares están a una temperatura mucho mayor que el aire vecino debido a la energía radiante que absorben. Los vidrios de las ventanas dejan pasar grandes cantidades de energía radiante al interior, y ésta, absorbida se convierte en calor sensible.

El vidrio así como otros sólidos transparentes a la luz visible, no lo son a longitudes de ondas cortas como el caso de la radiación ultravioleta o largas como la radiación infrarroja.

Se observa que en el diagrama de la figura 4-I que en las regiones de longitud de ondas indicadas, el *vidrio absorbe* energía radiante, siendo solamente en una región intermedia en que el material es transparente.

El vidrio tiene la propiedad de ser transparente a las fuentes de alta temperatura (como la luz del sol por ejemplo) y de *absorber* casi completamente la radiación de las fuentes de baja temperatura, tal como las paredes, pisos, muebles o los ocupantes del edificio, como se detalla en la figura 5-I.

De esa manera el vidrio actúa como una *trampa de calor* y a este efecto, fundamental para la captación de la energía solar, se denomina *efecto invernadero*.

Por dicho efecto entonces, dentro de un invernadero se acumula el calor necesario como para poder cultivar plantas, pese a que la temperatura exterior sea muy baja.

FIG. 5·I. Efecto invernadero.

La atmósfera terrestre esta compuesta básicamente por nitrógeno y oxígeno que son gases bastante transparentes a la luz visible, como a la radiación infrarroja que emite la superficie terrestre cuando está caliente.

Sin embargo, la atmósfera contiene un pequeño porcentaje de anhídrido carbónico que es también transparente a la luz visible, pero no demasiado para la radiación infrarroja, por lo que entonces el mismo en otra escala actúa en la atmósfera, como el vidrio del invernadero.

Aprovechamiento de la energía solar

Los problemas que se plantean para el aprovechamiento de la energía solar son los siguientes:

- Gran dispersión de la energía solar sobre la superficie de la tierra.
- Carácter incontrolable y variabilidad en el tiempo de la intensidad de radiación solar.

La gran cantidad de energía proveniente del sol permitiría cubrir con holgura las necesidades de energía que se requieren en la tierra, si se contara con un método práctico y razonable para concentrarla sobre grandes superficies, en los puntos de utilización deseados.

Además sería necesario acumular la energía recibida durante las épocas de alta radiación, en las que la recepción supera la demanda para ser utilizada en las épocas de nula o baja radiación.

En la actualidad no se ha podido resolver en gran escala ello todavía, pero las recientes técnicas de desarrollo tienden a lograr en forma gradual el mejor aprovechamiento de la energía solar, obteniéndose soluciones para los distintos casos particulares que se presentan.

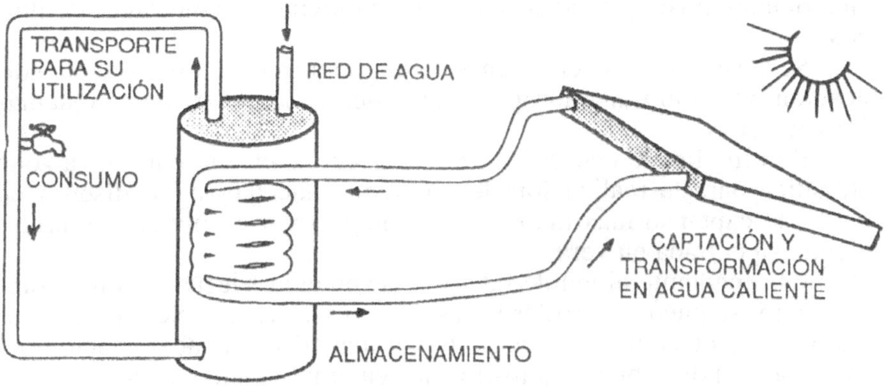

FIG. 6-I. Proceso de calentamiento de agua con energía solar.

Para el aprovechamiento destinado a la aplicación de la energía solar es necesario realizar los siguientes procesos:

- Captación y concentración de la energía solar.
- Transformación para su utilización.
- Almacenamiento en función de la demanda.
- Transporte de la energía almacenada, para su utilización en los puntos de consumo deseados.

En la figura 6-I se muestra en forma esquemática como se producen esos procesos en un sistema de calentamiento de agua para el consumo. En muchos sistemas, dos o más de estos procesos se realizan en un mismo elemento, por ejemplo los dispositivos de captación realizan la concentración y transformación de la energía del sol, a fin de hacerla disponible para el consumo.

CAPTACIÓN DE LA ENERGÍA SOLAR

Los sistemas de captación y transformación de la energía solar, pueden clasificarse de la siguiente manera:

- Sistemas pasivos
- Sistemas activos
- Sistemas mixtos

SISTEMAS PASIVOS

Los sistemas pasivos utilizan la energía solar para calefacción o ventilación de edificios, sin consumo de energéticos convencionales o electricidad, no empleándose a tal efecto movimiento mecánico de fluidos.

Se basan estos sistemas en emplear un adecuado diseño de la edificación, así como una apropiada utilización de materiales y sistemas constructivos.

Ello implica la necesidad de un perfecto conocimiento de la zona climática para la realización del proyecto, adecuando los diseños de modo de captar la máxima energía térmica solar en invierno y protegiendo su entrada en verano.

Así, mediante el empleo de una vegetación adecuada como complemento, se puede controlar la insolación y el viento. Se utilizan muros o masas de captación que permitan una adecuada acumulación del calor para su distribución a los locales en el momento oportuno.

SISTEMAS ACTIVOS

Estos sistemas consisten en transformar la energía solar mediante algún artefacto o dispositivo, en energía calórica, mecánica o eléctrica.

Por ejemplo mediante un colector solar puede calentarse agua destinada al consumo o para calefacción de los ambientes. Otro ejemplo es la conversión directa de la energía solar en eléctrica mediante el efecto fotovoltaico de un material semiconductor, como el silicio monocristalino.

SISTEMAS MIXTOS

Se basan en la utilización de los sistemas pasivos y activos en combinación.

En general es fundamental en todo proyecto la complementación de estos sistemas. Así, por ejemplo no se concibe un sistema de captación activo para calefacción, sin tener en cuenta los aspectos pasivos en el diseño del edificio.

Almacenamiento de la energía solar

Uno de los problemas más importantes para el aprovechamiento de la radiación solar es que su captación se limita a una serie de horas del día y que su intensidad esta sujeta a variaciones.

Puede haber períodos en que las posibilidades de aprovechamiento sean nulas, o sea que la disponibilidad no coincide con la demanda.

En el gráfico de la figura 7-I se muestra una curva diaria de energía solar captada y otra de energía necesaria para calefacción o refrigeración, donde se señalan las áreas en que el suministro supera el

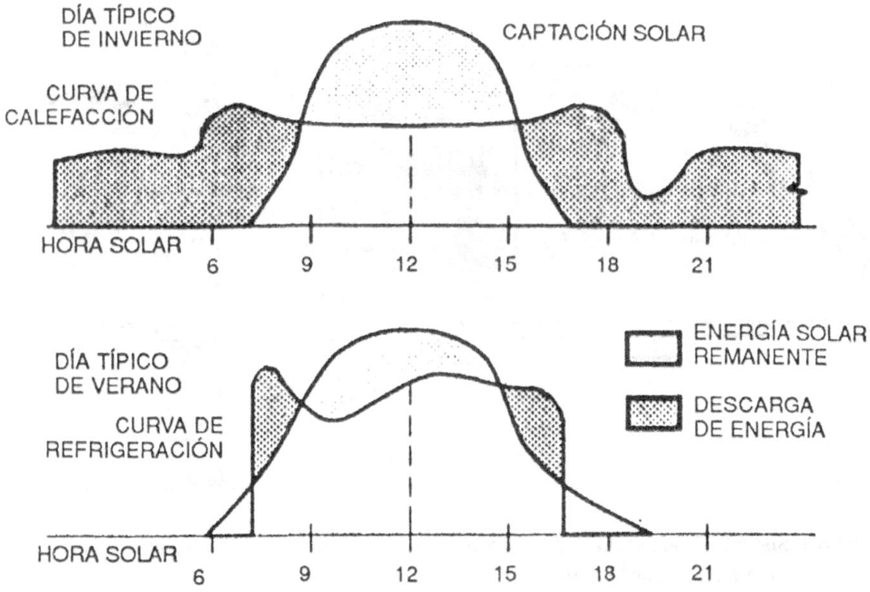

FIG. 7-I. Gráfico de captación y consumo de energía solar para calefacción o refrigeración.

consumo y viceversa, lo que lleva a la necesidad de la acumulación de la energía solar.

Si las áreas de consumo son superiores a los de captación de energía solar, es necesario diseñar una fuente adicional o suplementaria de energía convencional.

Se desprende de lo indicado que esta duplicación de instalaciones representa una mayor inversión en el suministro de los equipos.

Por ello, cuanto mayor es el almacenamiento, mejora la autonomía del sistema reduciéndose al mínimo el tamaño de estas instalaciones convencionales suplementarias.

Los métodos de almacenamiento son muy variados y deben analizarse en cada caso de aplicación particular, pudiendo consistir, por ejemplo, en tanques de agua caliente, muros acumuladores de calor, lechos de piedra (figura 8.I), baterías eléctricas, etc.

El problema reside en que normalmente los sistemas de almacenamiento tienen rendimientos bajos, son voluminosos y requieren inversiones considerables, por lo que para lograr una utilización mas eficiente de la energía solar, es fundamental mejorar y optimizar los métodos de ejecución.

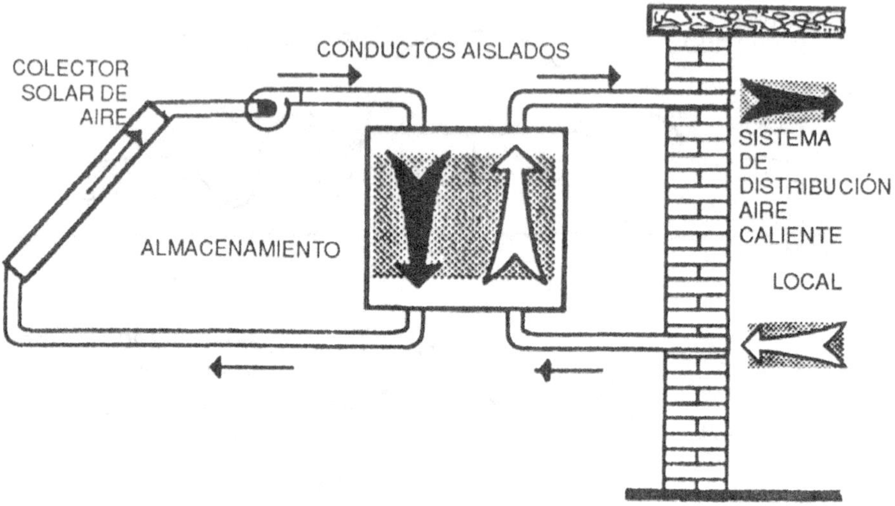

FIG.8-I. Sistema de acumulación en lecho de piedras (grava) en una instalación de calefacción solar por aire caliente.

Clasificación

En el esquema que se incluye en el cuadro 2-I, se indican en forma resumida, las características fundamentales de los sistemas de aprovechamiento de la energía solar.

SISTEMAS MULTIPLES

Las instalaciones solares pueden tener múltiples usos simultáneos. Así como se muestra en la figura 9-I, la instalación esta destinada a suministrar agua caliente para uso sanitario, calefacción y además el calentamiento directo de la piscina de una vivienda.

Se requieren para ello un tanque de almacenamiento de agua, una fuente auxiliar de seguridad y bombas circuladoras, regulándose por medio de un sistema de control automático.

Análisis económico

Todo el campo de la energía solar requiere un estudio de factibilidad previo a encarar la ejecución de cualquier instalación.

A tal fin, se efectúa una simulación por computadora del sistema, a fin de compararlo con los que utilizan los combustibles tradicionales, analizando los tiempos de amortización.

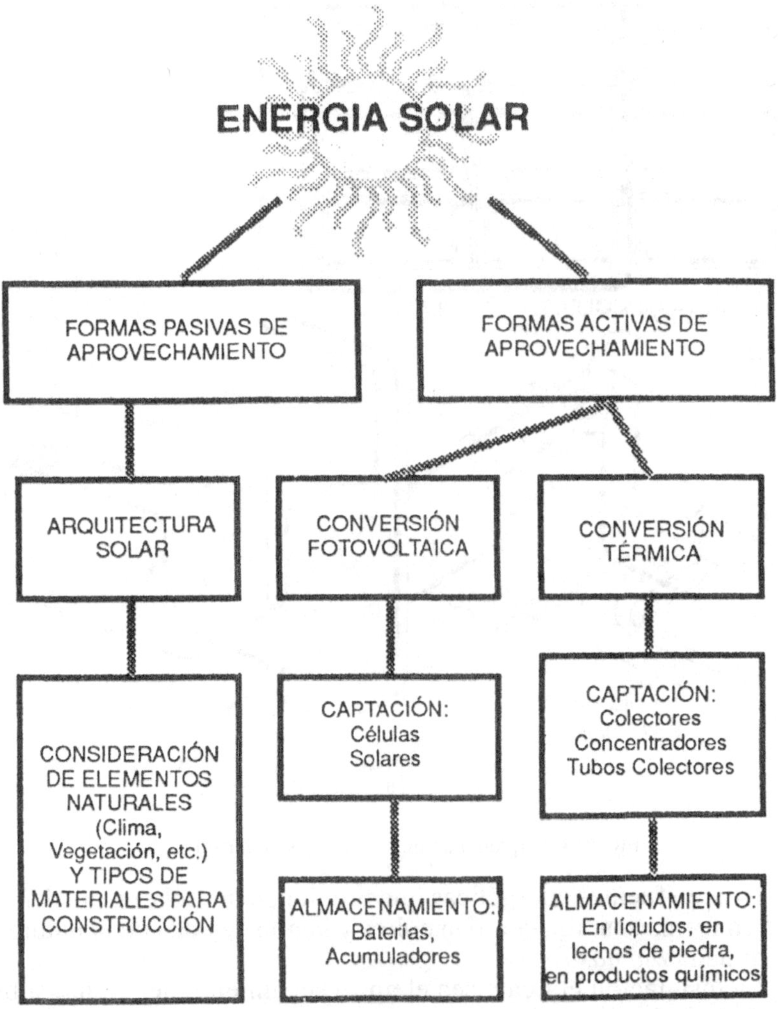

CUADRO. 2-I. Esquema de aprovechamiento de la energía solar.

En general, la inversión inicial es elevada, pero la diferencia de costos de la energía utilizada, hace que la instalación se amortice con el tiempo, como se muestra en el gráfico de la figura 10-I. La energía solar es conveniente cuando los tiempos de amortización son pequeños, debiendo analizarse los costas a valores constantes. La vida útil se estima de 15 a 20 años.

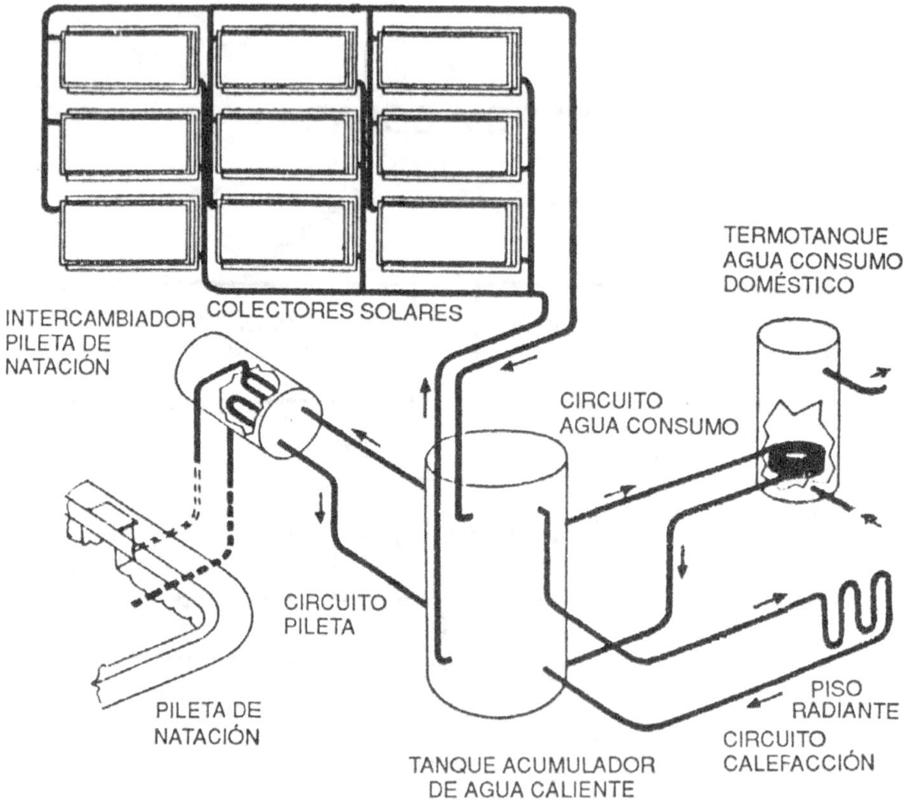

FIG. 9-I. Esquema de una instalación solar múltiple.

Existen fuentes energéticas que provienen del sol que pueden utilizarse en forma sencilla como la eólica y la almacenada en la naturaleza, denominada *biomasa*.

La instalación eólica o sea el aprovechamiento del viento sobre la superficie de la tierra ya desde hace mucho tiempo, tiene gran cantidad de aplicaciones.

Se puede mencionar el bombeo de agua o conversión de electricidad mediante aerogeneradores, molinos, propulsión de embarcaciones, etc. En general se requieren formas de almacenamiento para los períodos de calma.

La energía de la biomasa, consiste en aprovechar la energía vegetal o animal mediante procesos biológicos o termoquímicos, ya sea mediante la combustión directa o procedimientos de fermentación para producir gas combustible, que se denomina *biogás*.

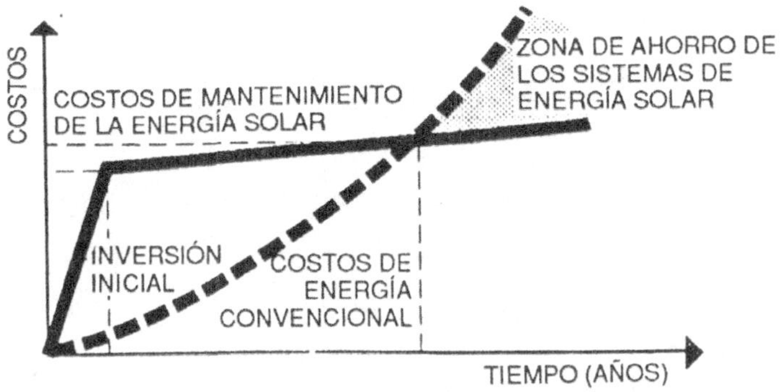

FIG. 10-I. Gráfico de análisis de costos de energía solar.

En estos casos no solamente la biomasa es importante como fuente de energía, sino como sistemas de elaboración de productos bioquímicos o fertilizantes, ofreciendo la ventaja con respecto a los combustibles tradicionales, de que se trata de un recurso renovable.

La energía de los océanos, puede utilizarse aplicando el efecto de las mareas o de las olas, producida por los vientos, constituye otra fuente de aprovechamiento de la energía no convencional.

Se puede mencionar además, la energía geotérmica que proviene del subsuelo de la tierra, que puede ser aprovechada con fines energéticos, entre otras fuentes de energía no convencionales.

Capítulo II

SISTEMAS PASIVOS DE CLIMATIZACIÓN SOLAR

Conceptos básicos

Se pueden definir estos sistemas, como la utilización de la energía solar para calefacción, ventilación o acondicionamiento de los edificios de viviendas, sin el consumo de los energéticos convencionales o electricidad y no aplicando movimiento mecánico de fluidos o elementos.

El concepto, entonces, se basa en el empleo de un adecuado diseño de la edificación, así como una apropiada utilización de materiales y sistemas constructivos.

Para ello debe realizarse un estudio de muchos aspectos y factores climáticos como ser:

- Latitud y altitud de la zona de emplazamiento.
- Duración e intensidad de la radiación solar.
- Temperatura del aire exterior y su variabilidad.
- Humedad relativa.
- Precipitación pluvial.
- Intensidad, frecuencia y dirección del viento.
- Grado de nubosidad y frecuencia.

Las pautas de diseño para lograr dichos objetivos son las siguientes:

- Orientación de los espacios para aprovechar la acción del viento, la luz y la intensidad de radiación solar.
- Planeamiento de los volúmenes, en relación con la dimensión de los muros, puertas y ventanas y la altura e inclinación de las cubiertas o techos.

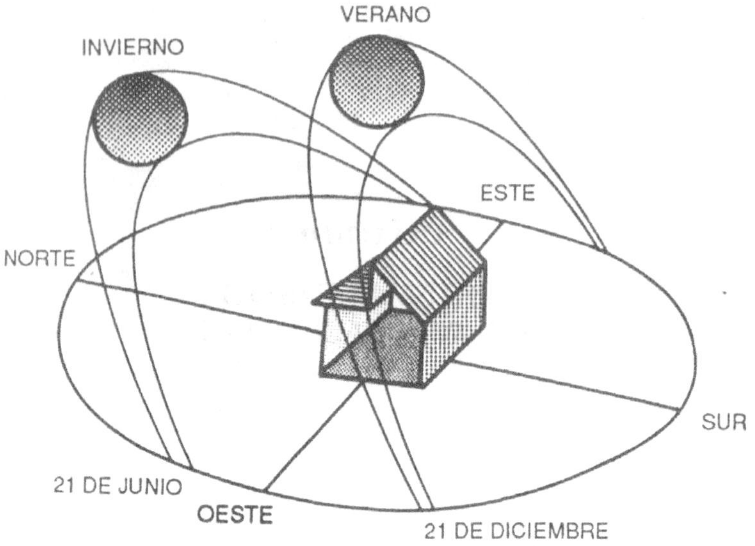

FIG.I-II. Variación de altura del sol en verano e invierno.

- Color y textura de los materiales y revestimientos exteriores e interiores.
- Aditamentos para regular el clima interior, como ventanas, persianas, cortinas, marquesinas, aleros, etc.
- Uso de follajes y plantas adecuadas para filtrar total o parcialmente la insolación y atenuar los efectos del viento.

Deben analizarse además algunas otras características entre las que se pueden mencionar:

- Almacenamiento del exceso del calor en la masa del edificio.
- Enfriamiento del edificio durante la noche, por efecto de la radiación y convección del aire exterior.
- Movimiento anual de las sombras proyectadas por los cuerpos circundantes, ya sean naturales o artificiales.
- Temperatura de las superficies interiores para regular el intercambio térmico por la radiación del cuerpo humano, así como la adecuación de la temperatura del aire interior para lograr confort.

Por otra parte es necesario conocer como intervienen y se comportan los materiales de construcción en la transmisión del calor, así como su capacidad de acumulación, con el propósito de seleccionar los más adecuados.

Además deben tenerse en cuenta los ruidos, ventilación, iluminación y demás características que integran un proyecto arquitectónico coherente, conforme a las necesidades de cada caso particular.

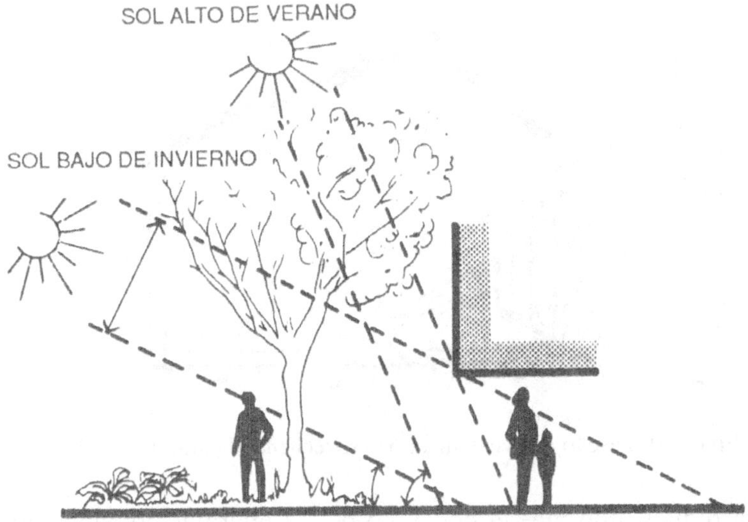

FIG. 2-II. Aprovechamiento de alturas del sol.

Se trata entonces, de aplicar técnicas de proyecto y constructivas para conseguir una adaptación del edificio al clima exterior.

Mediante la correcta elección de los materiales y un diseño adecuado, la mayor parte de la carga de calefacción de un edificio, puede ser compensada por la ganancia de calor solar.

También en verano puede reducirse sensiblemente la capacidad de los equipos mecánicos de refrigeración, adoptando una adecuada aislación térmica, y controlando las ganancias de calor por radiación y ventilación en los edificios.

Por ejemplo en la figura I-II se muestra como varia la altura del sol en invierno y en verano.

De esa manera, como se indica en la figura 2-II, mediante un voladizo o una marquesina, se puede aprovechar el calor útil del sol en invierno y atenuar sus efectos en verano.

Se observa en la figura 3-II cómo la altura del sol y un adecuado aventanamiento permite la captación del calor solar en invierno, y protege en verano su penetración en el local.

La captación pasiva es una técnica simple y tiene un costo muy bajo, debido a que dotar a un edificio de estos sistemas, supone una inversión adicional insignificante e incluso nula cuando se trata de proyectar con una orientación adecuada o ubicar convenientemente las superficies vidriadas.

Por otra parte los materiales utilizados para esta tecnología son los convencionales en la industria de la construcción.

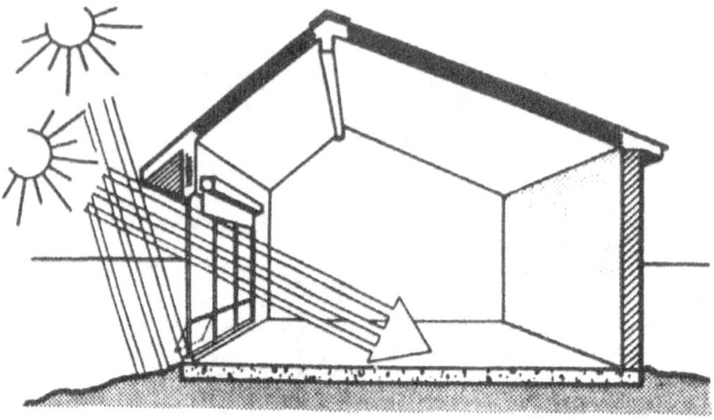

FIG. 3-II. Diseño de aventamiento aprovechando la altura del sol.

Para reducir aún más el consumo de las energías convencionales estos elementos de captación suelen combinarse con sistemas activos, mediante colectores solares.

El análisis de un proyecto con sistemas pasivos de captación es muy importante dado que se pueden reducir las necesidades térmicas de un edificio hasta un 40 % aproximadamente.

Parámetros de diseño

Para un adecuado aprovechamiento pasivo de la energía solar, el edificio debe reunir determinadas características térmicas, de modo que en invierno sea capaz de captar el calor durante el día y conservarlo durante la noche y en verano por el contrario, protegerlo de la radiación diurna y ventilar los ambientes de modo de lograr cierto grado de frescura en horas de la noche.

Para que se cumpla este cometido, deben satisfacerse por lo menos cuatro parámetros básicos, en cuanto a la acción solar.

- Captación
- Acumulación
- Restitución
- Conservación

La *captación solar* debe ser favorecida con un adecuado diseño, de modo de lograr colectar una adecuada cantidad de calor.

La *acumulación* del calor es un elemento fundamental para poder almacenar una determinada cantidad de energía solar, en el momento que la misma no se dispone.

La *restitución* del calor almacenado es un elemento que debe preverse en el diseño, en el momento que las condiciones del ambiente lo requiera.

La *conservación* del calor debe tenerse en cuenta mediante procedimientos de aislación adecuados, de modo de lograr en lo posible la menor pérdida de la energía solar captada.

Clasificación

Los sistemas de climatización solar pasivos de edificios de viviendas pueden clasificarse de la siguiente manera:

- Ganancia directa
- Semi directos
- Indirectos
- Independientes del ambiente

SISTEMA DE GANANCIA DIRECTA

En estos sistemas la energía solar penetra por las aberturas orientadas al norte y es absorbida por la masa térmica interior, donde es transformada en calor útil en invierno.

Es el sistema más sencillo donde el calor es distribuido en el local por dicha masa térmica.

Para que dicho calor quede almacenado, se utilizan vidrios en las ventanas lo que produce el efecto invernadero, detallado en el Capítulo I.

La acción directa del sol en el ambiente que penetra a través de ventanas o claraboyas es de efecto instantáneo, existiendo cierto amortiguamiento o retardo en la absorción y emisión de calor por parte de la masa térmica de la vivienda.

En la figura 4-II se muestra el aprovechamiento directo del calor solar que atraviesa la ventana e incide sobre pisos y paredes que actúan como masa térmica de acumulación de energía solar y lo devuelven al ambiente en forma de calor.

SISTEMAS SEMI DIRECTOS

En estos casos la energía es absorbida por la estructura de un ambiente anexo que actúa como invernadero.

El ambiente anexo o espacio intermedio, tiene condiciones energéticas acusadas, que se aprovechan en el local principal, en forma flexible, mediante un cerramiento variable.

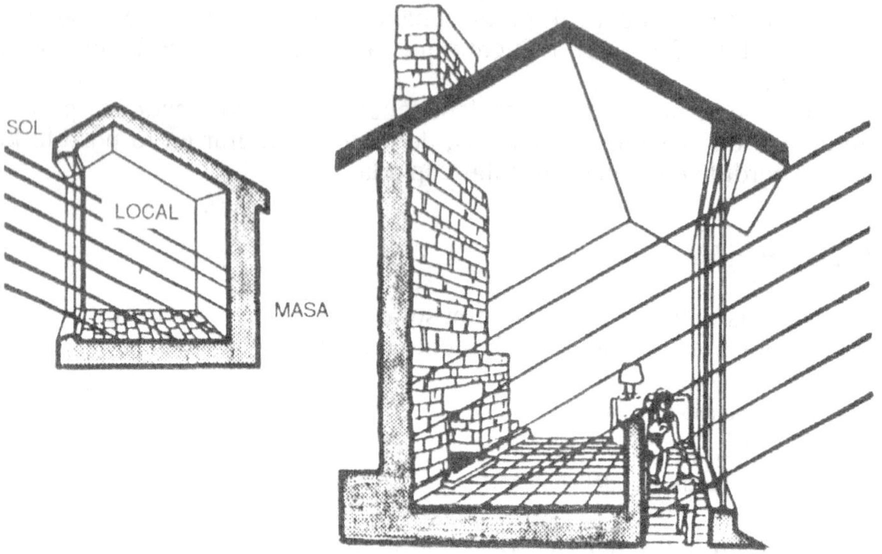

FIG. 4-II. Aprovechamiento directo de la energía solar.

FIG. 5-II. Transmisión de energía a través de muro y ventana.

En la figura 5-II se muestra como se transmite la energía a través del muro y en forma directa por la ventana.

El ambiente auxiliar, puede tener utilización como local habitable y en general como espacio de ampliación visual del ámbito interno.

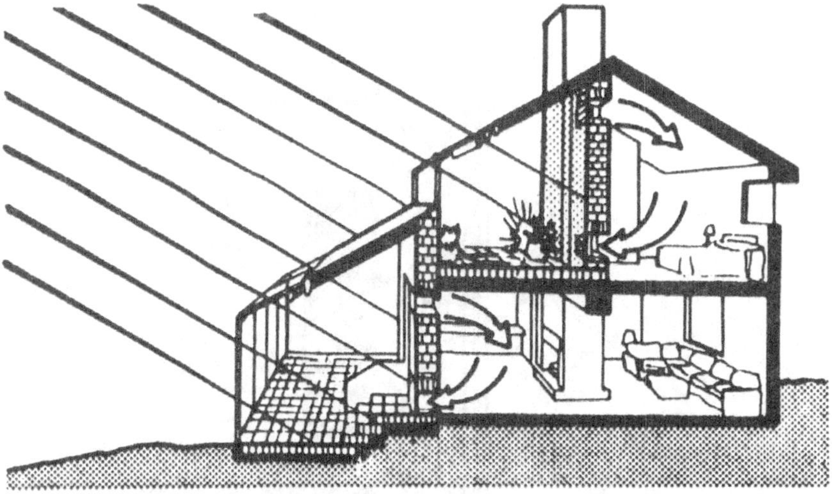

FIG. 6-II. Transferencia de calor solar entre locales.

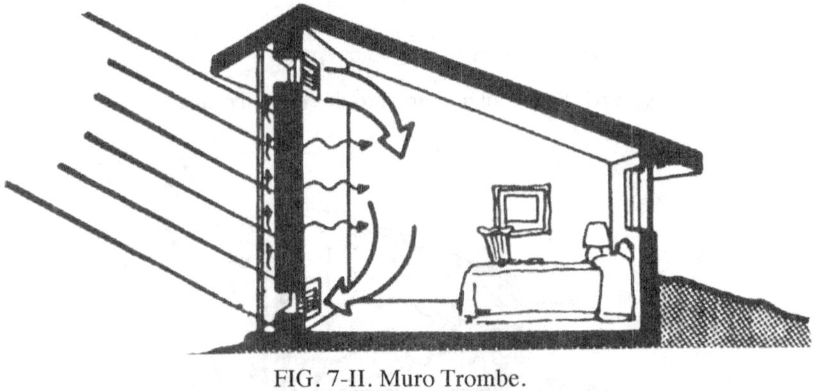

FIG. 7-II. Muro Trombe.

Otra forma muy interesante es la que se indica en la figura 6-II, donde la transferencia a los locales linderos se efectúa por efecto del movimiento natural del aire caliente.

De esa manera, el aire caliente que es más liviano, tiende a ascender, colocándose rejas para facilitar su circulación.

SISTEMAS INDIRECTOS

En estos casos la energía solar se capta y almacena en un elemento perimetral al ambiente, que tiene una importante masa térmica, cediéndose el calor con un cierto retardo por convección y radiación.

El método más conocido de captación indirecta es el muro Trombe, que se muestra en la figura 7-II.

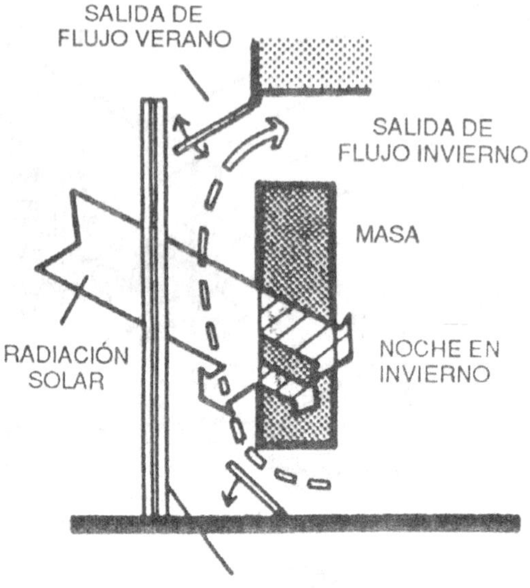

FIG. 8-II. Funcionamiento del muro Trombe.

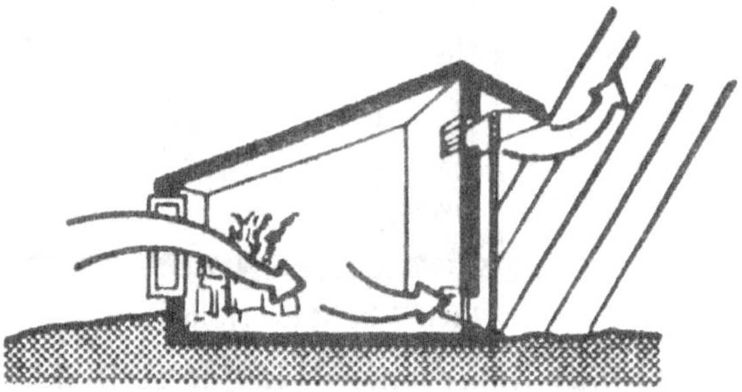

FIG. 9-II. Complementación de ventilación y captación solar.

La energía solar pasa a través del vidrio y calienta el muro que puede ser de mampostería, hormigón, etc.

El muro absorbe el calor y se calienta emitiendo a su vez calor por radiación, pero por efecto invernadero el mismo queda atrapado debido a que el vidrio no lo deja escapar.

El muro calienta el aire y este por convección al estar a mayor temperatura se hace más liviano y asciende según se ve en la figura 8-II, produciéndose de esa manera una circulación permanente y constante del mismo en el local.

Por otra parte como el muro se calienta, transmite parte del calor por conducción al local, cediéndolo por convección y radiación, durante la noche, siendo conveniente cerrar la compuerta de aire.

El muro Trombe, puede complementarse en la época de verano cambiando la dirección del flujo de aire caliente y enviándolo hacia el exterior, según se ve en la figura 8-II, lográndose de esa manera, una adecuada ventilación del local.

Esta complementación puede realizarse además, teniendo en cuenta la altura del sol tanto en verano como en invierno, de acuerdo a lo que se muestra en la figura 9-II, señalándose mediante las flechas la forma en que se realiza la ventilación en la época de verano.

En general el muro se construye en hormigón, de 30 a 40 cm de espesor. Sin embargo puede emplearse muros construidos en piedra o depósitos metálicos conteniendo agua.

En la figura 10-II se detallan las características de un muro de captación solar, destinado a la calefacción en invierno y la ventilación en la época de verano, de acuerdo a los conceptos vertidos precedentemente, orientado hacia el norte.

La fachada cuenta con un muro de acumulación y además una ventana destinada a la captación solar directa, en cuyos laterales se encuentran conductos, destinados a incrementar el tiraje del aire por convección.

La experiencia práctica demuestra que para un muro de 35 cm de hormigón, si en invierno recibe una adecuada acción solar en el día, se obtiene una corriente de aire caliente que se mantiene prácticamente hasta la medianoche.

El local debe tener una adecuada aislación de modo de poder

Referencias
1. Muro acumulador.
2. Vidrio.
3. Superficie receptora de las radiaciones.
4. Circulación del aire.
5. Abertura inferior.
6. Aspiración de aire de la habitación.
7. Ventilador para verano (cerrado en invierno).
8. Expulsión de aire hacia el exterior en verano.
9. Salida de aire para calefacción en invierno.

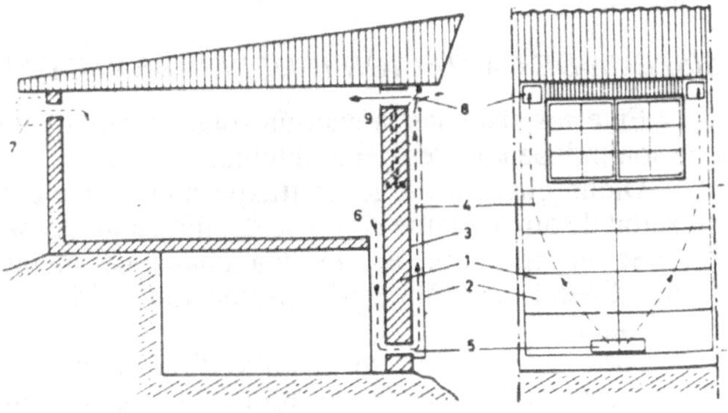

FIG. 10-II. Muro acumulador con conductos laterales.

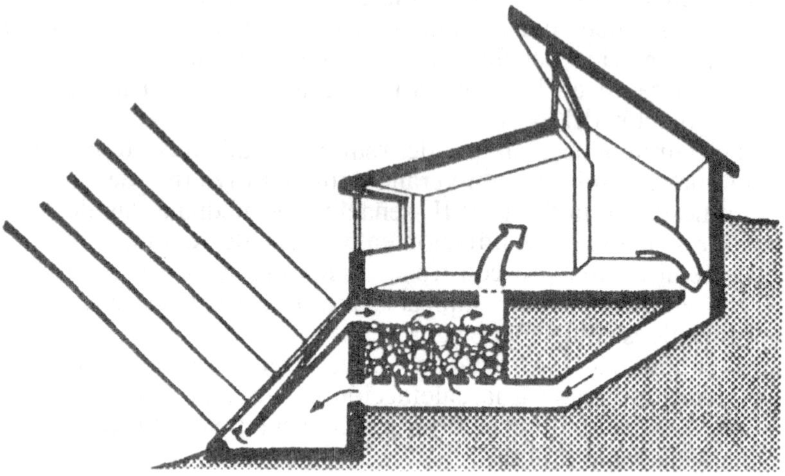

FIG. 11-II. Sistema de captación independiente del ambiente.

mantener el calor sin demasiadas pérdidas. Si el *local* se *encuentra muy bien aislado, puede adoptarse como norma práctica de diseño una superficie de muro colector en* m^2 *igual* a *la décima parte del volumen del local* a *calentar en* m^3.

Debe aclararse que el almacenamiento térmico logrado por este método es solo por corto plazo, como máximo un día, por lo que debe contarse siempre con una energía complementaria ya sea mediante otros sistemas captadores activos o eventualmente los equipos convencionales.

SISTEMA DE CAPTACIÓN INDEPENDIENTE DEL AMBIENTE

En estos sistemas la energía solar se capta y almacena en elementos que son independientes del ambiente.

Dicha energía luego es traspasada, por ejemplo mediante la circulación de aire caliente como se detalla en la figura 11-II.

Se observa que existe una chapa de metal que se calienta en forma directa, utilizando una protección vidriada que origina el efecto invernadero.

Parte de ese calor se trasmite directamente al local por medio del aire y parte es almacenado en un medio rocoso poroso que le proporciona la masa necesaria para mantener el calor un tiempo predeterminado, compatible con el régimen de captación solar.

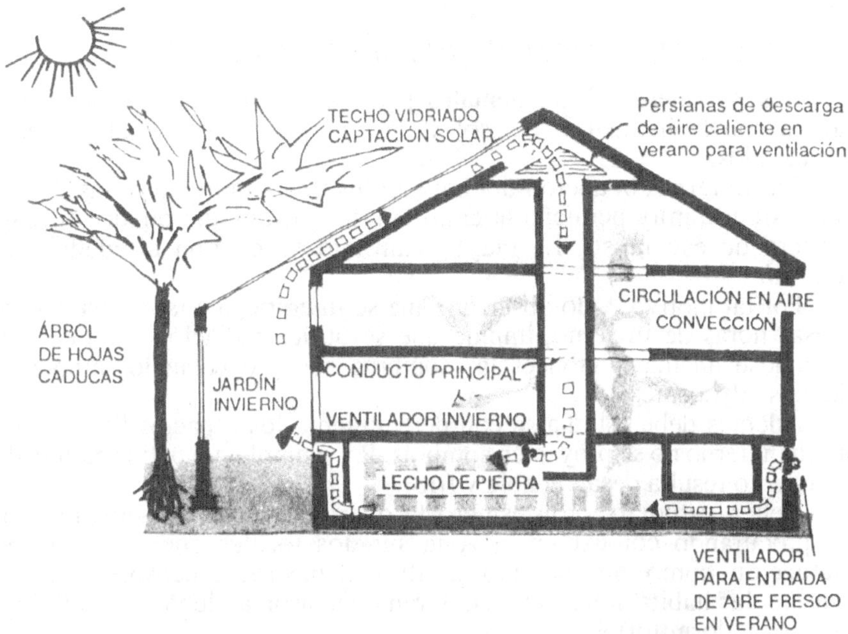

FIG. 12-II. Sistema de captación con lecho de piedra.

En la figura 12-II se muestra un corte de un edificio que se climatiza mediante un techo de vidrio que actúa como colector, utilizando un jardín de invierno y un lecho de piedra como acumulador.

En verano el sistema funciona como ventilación utilizando para ella un ventilador, provocando la salida de aire caliente por una persiana superior.

Estos sistemas representan una transición hacia los sistemas activos de captación.

Análisis del diseño del edificio

Los sistemas pasivos de captación solar, a los que generalmente se los denomina *arquitectura solar*, constituyen según nuestra opinión el campo con mejores perspectivas futuras para el aprovechamiento de la energía solar, además de propender a mejorar el hábitat o las condiciones ambientales para el desarrollo de la vida.

Los edificios construidos bajo esos preceptos han dado resultados muy satisfactorios.

Es conveniente enumerar algunas reglas generales de diseño tendientes a lograr el objetivo mencionado precedentemente.

ORIENTACIÓN Y CARACTERÍSTICA DEL EDIFICIO

Los parámetros fundamentales para determinar la orientación del edificio son la incidencia del sol y del viento, que están íntimamente relacionados.

En invierno, la acción del sol sólo es importante entre las 9 y 15 horas, siendo muy pequeña la cantidad de energía que puede utilizarse fuera de ese lapso. La mayor cantidad se origina alrededor del mediodía.

Por tal motivo, todo obstáculo que se interponga a la acción del sol en esas horas de invierno, impide que se utilice radiación calórica útil, debiéndose analizar entonces las sombras que proyectan los árboles o edificios adyacentes.

Además debe estudiarse con detenimiento los espacios libres, a fin que en invierno no se proyecten sombras. Por ejemplo, un patio sombreado en invierno resulta desagradable y frío.

Deben estudiarse con esmero la distribución de espacios interiores, procurando colocar en la zona sur, los locales que no necesiten calefacción, como, por ejemplo, pasillos, depósitos, ascensores, etc. En invierno, las habitaciones que requieren buen asoleamiento son el living, comedor y dormitorios.

En verano, puede llegarse a utilizar el viento con el fin de eliminar el calor acumulado en los ambientes, por ejemplo, en la orilla del mar, en la tarde, se produce una suave brisa que, si las ventanas están bien orientadas, producirán al abrirlas una disminución del calor recibido durante el día.

La forma del edificio tiene gran incidencia en los consumos de calor y depende del clima en la cual está emplazada la vivienda.

Los edificios de una planta cuentan con más superficies expuestas que uno de dos plantas de igual volumen.

De los diseños de edificios la forma cuadrada, es la menos eficiente. Se ha comprobado que la mejor configuración es la rectangular, con el eje mayor en la dirección este-oeste. De esa manera, el edificio, en su parte más larga orientada al norte obtiene una gran cantidad de energía en invierno, mientras que en verano, esa misma fachada recibe menor cantidad de calor debido a que el sol esta mas alto.

VENTANAS

Las ventanas, en el diseño de edificios, son los medios de comunicación visual con el exterior y de iluminación natural para el interior y adquieren una importancia fundamental en las instalaciones de climatización de edificios.

La luz solar penetra dentro de un ambiente y contribuye a la calefacción en invierno, pero al mismo tiempo, por dichas ventanas se pierde gran cantidad de calor por transmisión cuando las condiciones son desfavorables.

En invierno, la mejor de las orientaciones es la noreste o la norte, dado que al ser el ángulo de incidencia solar bajo, se facilita durante la mañana la entrada del calor solar hasta el fondo de la habitación, produciendo la ventilación y saneamiento del local.

Durante el verano, las ventanas así orientadas dejan entrar poco sol, debido a que esta alto, y aun puede evitarse mediante un alero o marquesina.

Una ventana mal orientada en verano constituye una carga importante, dado que el calor solar que pasa por ella queda almacenado en el local, como ya se ha explicado anteriormente.

El oeste es la peor orientación de la ventana en verano, por lo que la acción solar debe ser detenida mediante persianas, postigones o parasoles.

Una buena solución natural de proyecto del entorno lo constituyen los árboles de hojas caducas, que permiten el pasaje del calor solar en invierno y lo amortiguan en verano.

INFILTRACIÓN DE AIRE

Otra de las causas por la que un edificio gana o pierde energía lo constituye la infiltración del aire a través de las hendijas de puertas y ventanas.

El aire frío invernal penetra en la habitación y enfría el aire, mientras que en verano, por el contrario, el aire caliente aporta calor, tendiendo a elevar la temperatura del aire interior.

El viento aumenta el efecto de infiltración, puesto que ejerce presión sobre las aberturas, por lo que en invierno no es conveniente proyectarlas sobre fachadas donde prevalezcan los vientos fuertes, como ser en Buenos Aires la orientación sur o sudoeste. Si es necesario contar con esas aberturas sobre estas orientaciones, debe especificarse una carpintería de doble contacto con burletes.

Aislamiento térmico del edificio

La aislación térmica es uno de los aspectos más importantes a tener en cuenta en la ejecución del edificio, con objeto de que responda satisfactoriamente a los diferentes cambios de temperatura exterior a que esta sometido.

Como se demostrará seguidamente, el aislamiento térmico es un factor que debe considerarse tanto en invierno como en verano, para reducir las perdidas o ganancias de calor respectivamente.

PÉRDIDAS DE CALOR EN INVIERNO

El calor producido en el interior de los edificios, se pierde, en buena parte, a través de techos y paredes, por lo que deben aislarse en forma adecuada para reducir sus coeficientes de transmisión calórica y, por ende, las pérdidas térmicas de los locales.

Siendo precisamente el rol de la calefacción el de compensar tales pérdidas, la reducción de estas se traduce, en la práctica, en economía en los elementos de captación de calor en invierno.

GANANCIAS DE CALOR EN VERANO

La solución del problema de la aislación en verano es afín al de invierno. En efecto, en esta estación en esencia se trata de evitar el pasaje de calor desde el exterior hacia el interior del edificio.

El mayor aporte calórico que los techos y las paredes reciben durante el período estival, más o menos intensos según las zonas, es debido a la radiación solar, que en esta época es contraproducente.

Con la aplicación de un aislamiento térmico adecuado y eficiente, se obtiene una atenuación de dicho efecto y, consecuentemente, una reducción del aporte calórico.

A la vez, el aislamiento correctamente aplicado aumenta la inercia térmica de la estructura, por lo que el valor máximo de temperatura de los ambientes resultan postergadas con respecto al valor máximo exterior, de modo que al coincidir con los períodos de temperaturas exteriores más frescas en horas de la noche, permite una más fácil evacuación del calor introducido en el ambiente, mediante una ventilación adecuada.

CAPÍTULO III

COLECTORES SOLARES

Consideraciones generales

Se define *colector solar* como un dispositivo diseñado para absorber la radiación solar incidente sobre él y transferir la energía a un fluido que circula a través del mismo.

Existe una gran variedad de colectores, dependiendo su elección de la aplicación a que se destinan, su eficiencia y el costo de los materiales que están ejecutados.

Normalmente los colectores solares son clasificados según el grado de concentración de la energía solar captada.

Para los colectores térmicos suele definirse el grado de concentración, en base a las características geométricas de acuerdo a la relación siguiente:

$$I = \frac{Ac}{Ar}$$

Donde:

I: Índice o grado de concentración.
Ac: Área de captación del colector (m^2).
Ar: Área de recepción del colector (m^2).

Puede también definirse como la relación entre la intensidad del sol y la que se hace incidir sobre el receptor. De esa manera, en la práctica, teniendo en cuenta los índices de concentración, pueden clasificarse los colectores solares en dos grandes grupos:

- Colectores planos (índice de concentración igual a 1)
- Colectores de concentración (índices mayores que 1)

Colectores planos

El colector plano consiste en la captación solar sobre un panel que presenta una superficie absorbente a las radiaciones solares. En el panel se calienta agua, aire u otro fluido que se utiliza como elemento de transporte del calor. En la cara opuesta a la captación se dispone un aislamiento térmico.

El grado de concentración solar en este caso es la unidad, dado que la superficie de captación y absorción es prácticamente la misma.

Colector plano para agua caliente

Es el colector más utilizado en la práctica, destinado a la provisión de agua caliente para el con sumo domiciliario o calefacción, consta de cinco partes como se indica en la figura 1-III que son las siguientes:

- Cubierta transparente
- Placa de fondo o lámina negra
- Tubos
- Caja
- Aislante térmico

En la figura 2-III se muestra un corte del colector plano que esta constituido por una caja de hierro galvanizado hermética, en cuya cara superior se encuentra una cubierta transparente de vidrio.

En su interior contiene una chapa absorbente que esta unida a las tuberías de hierro galvanizado o cobre. La parte inferior esta constituida por una capa aislante de lana de vidrio, mineral, etc., a fin de impedir la perdida de calor hacia abajo.

CUBIERTA TRANSPARENTE

Su función es permitir el paso de los rayos solares que inciden sobre la placa del colector y al mismo tiempo producir el efecto invernadero.

Es así que al elevarse la temperatura de la placa, ésta transmite su calor por contacto directo a los tubos conductores del agua, los que a su vez calientan el agua que contienen. '

Pero no todo el calor absorbido es utilizado, dado que la placa

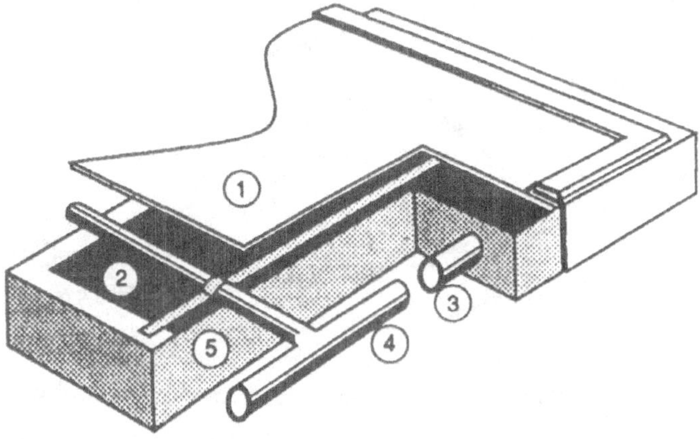

FIG. 1-III. Detalle de un colector plano para agua caliente.

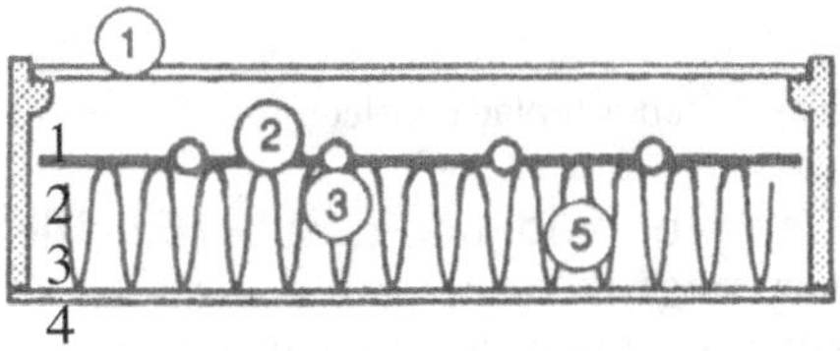

1. Cubierta transparente.
2. Placa de metal (negro selectivo).
3. Caños de hierro galvanizado o cobre.
4. Colector de hierro galvanizado o cobre.
5. Aislación térmica.

FIG. 2-III. Corte del colector solar plena.

emite a su vez calor por radiación, al calentarse dentro de la banda infrarroja.

Sin embargo, la cubierta de vidrio no es transparente a ese tipo de radiaciones, evitando de esa manera que parte del calor atrapado vuelva a escapar a la atmósfera.

Pueden emplearse plásticos transparentes en lugar de vidrio en algunos casos.

PLACA DE FONDO 0 LÁMINA NEGRA

Es el elemento que recibe los rayos solares y permite aumentar la superficie de captación, pues el área neta de los tubos por la que circula el agua es insuficiente para lograr el calentamiento por efecto solar.

De esa manera, se adosa a los caños dicha lámina, que lleva integrado un proceso de pintura o un tratamiento de ennegrecimiento, denominada *superficie selectiva*.

La superficie o tratamiento selectivo tiene la propiedad de tener una alta absorción ala energía emitida por el sol y una baja emisividad.

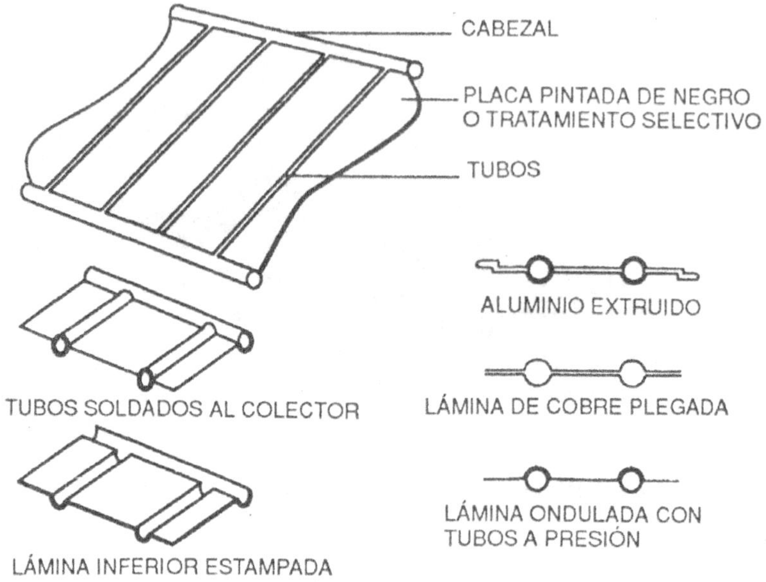

FIG. 3-III. Características constructivas de tubos y placas colectoras.

Esta capa puede realizarse por ejemplo, oxidando la superficie de la placa o la lámina, haciéndola opaca y negruzca.

El material de esta chapa debe ser muy buen conductor del calor, pudiendo utilizarse chapa negra o galvanizada, aluminio, cobre, etc.

TUBOS

Por los tubos circula el agua, la cual se calienta por contacto con la pared de los mismos, siendo muy importante que estén construidos por un material que sea buen conductor térmico, como por ejemplo hierro galvanizado o mejor, cobre, bronce, latón, aluminio, etc.

Es fundamental que la superficie de contacto de estos tubos con la lámina de captación sea lo más eficiente posible, para una mejor transferencia del calor.

En la figura 3-III se muestran algunas características constructivas.

AISLANTE TÉRMICO

Este componente del colector sirve para evitar las fugas de calor por la parte inferior del mismo por conducción.

El aislamiento utilizado debe ser adecuado para soportar altas temperaturas, pudiendo aplicarse fibras de vidrio, lana mineral, etc.

CAJA

Consiste en el armazón que contiene los elementos integrantes del colector solar, protegiéndolos de las inclemencias del tiempo.

Deben ser herméticas y estar construidos de modo que tengan una resistencia mecánica adecuada, pudiendo utilizarse, chapa de hierro galvanizado, aluminio, plástico, etc.

La hermeticidad del colector es un aspecto muy importante, dado los problemas que se han presentado en la práctica, como ser la acumulación de suciedad dentro del mismo, especialmente en la cara interior del vidrio de cubierta.

Dicho armazón o caja debe tener la profundidad adecuada como para alojar los tubos, la placa y la aislación térmica, además de la cobertura superior transparente de vidrio o eventualmente plástico.

Los colectores solares se fabrican en diversas medidas, siendo normalmente de 2 x 1 metros, colocándoselos fijos sobre armaduras de sustentación.

Las necesidades de calor pueden hacer necesaria la utilización de varios colectores solares, por lo que se van uniendo unos con otros hasta lograr la superficie de captación requerida.

Otros tipos de colectores solares planos de agua caliente

En general los colectores planos descriptos precedentemente, tienen una pérdida de calor importante dado que si bien el vidrio no deja escapar el calor en forma de radiación infrarroja, aumenta su temperatura por efecto del aire caliente por convección, transmitiendo el calor al exterior por conducción y convección, cuando la temperatura es más baja.

Estas pérdidas pueden ser importantes en climas fríos, por lo que en muchos casos se recurre a colocar 2 o 3 vidrios para reducirlas.

Sin embargo, si bien se han introducido una serie de mejoras tendientes a aumentar la eficiencia térmica de los colectores planos, su aplicación esta destinada a la producción de agua caliente para el consumo domiciliario o eventualmente a instalaciones de calefacción, que requieren temperaturas de trabajo menores a 70 u 80 °C.

Cuando se necesitan temperaturas relativamente altas, por ejemplo 80 a 90 °C, para aire acondicionado mediante el ciclo de absorción, se emplean colectores del tipo planos pero tratados al vacío.

De esa manera, se logra una mayor eficiencia debido a que al existir vacío como se indica en la figura 4-III, no se producen las corrientes convectivas indicadas en el caso anterior.

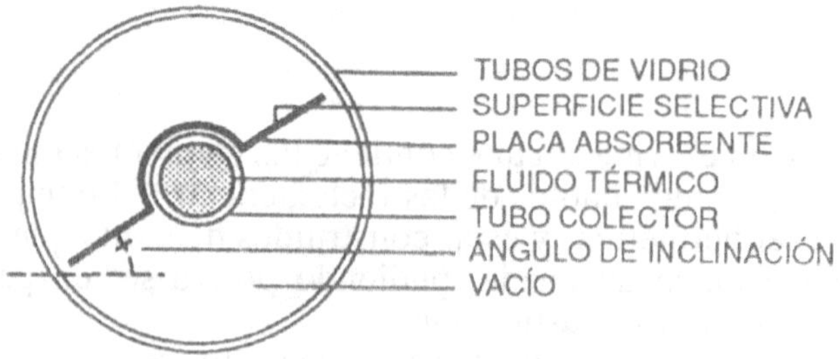

FIG. 4-III. Corte de un colector plano al vacío.

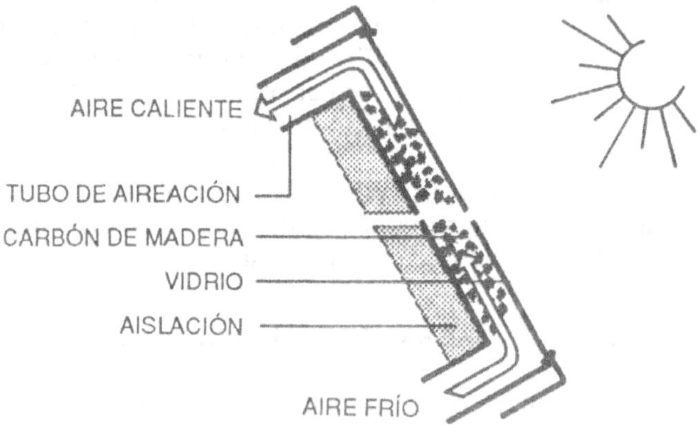

FIG. 5-III. Colector solar plano de aire.

En el interior del tubo de vidrio circular tratado al vacío, se coloca el caño colector por el que circula agua que constituye el fluido portador del calor y una placa plana de absorción con revestimiento selectivo. En algunos modelos se utiliza más de un caño.

La radiación solar penetra por el tubo de vidrio y alcanza la placa colectora donde es absorbida y transformada en calor, aumentando la temperatura del agua que circula por los caños colectores, siendo conducida a una máquina de absorción para refrigeración en verano o a un dispositivo de calentamiento en invierno para calefacción.

Colectores solares planos de aire

Se componen de una masa absorbente al calor de superficie porosa que permite la circulación del aire por convección natural, cubierta con un vidrio para producir el efecto invernadero.

En la figura 5-III se indica un esquema en que el espacio del colector se llena de carbón de leña, que es un material poroso y negruzco, con un alto coeficiente de absorción.

De esa manera, se produce la circulación del aire que se destina al calentamiento de los locales mediante un adecuado almacenamiento en lechos de piedras.

Las características de los colectores solares de aire son muy variadas, dependiendo sus diseños de cada aplicación en particular.

Colectores de concentración

En estos tipos de colectores se utilizan espejos que concentran la radiación solar sobre un *foco* determinado a través de una línea denominada *eje focal*, donde se ubica el receptor.

El colector de concentración consta de tres partes básicas:

- Reflector y/o lentes.
- Substancia de absorción.
- Estructura de alojamiento y soporte.

El índice de concentración varía según las características constructivas, desde valores muy pequeños del orden de 2 con sistemas concentradores muy simples, hasta valores de 1000 más, en sistemas sofisticados.

En general, estos tipos de colectores suelen instalarse con sistemas automáticos de seguimiento solar de gran precisión, mediante servomecanismos.

Así se pueden mencionar los siguientes colectores de concentración:

- Colector lineal.
- Colector puntual.

COLECTOR LINEAL

Un colector de concentración lineal esta formado básicamente por un cilindro parabólico en forma de espejo y un tubo ubicado en el foco de la parábola, por el cual circula el fluido a calentar, como se indica en la figura 6-III.

En la figura 7-III se detalla la característica de montaje de una batería de colectores de concentración lineal.

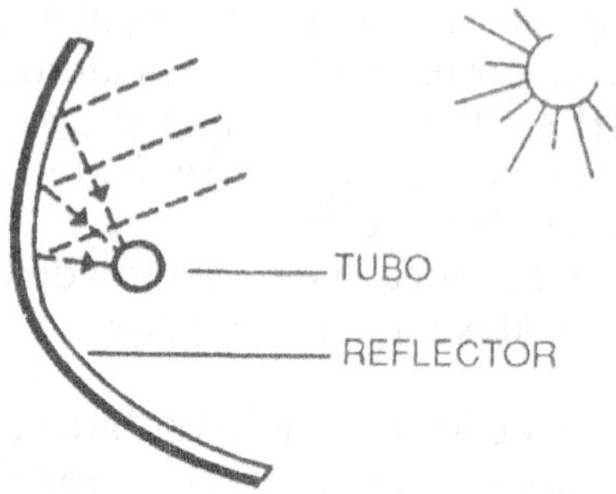

FIG. 6-III. Colector de concentración lineal.

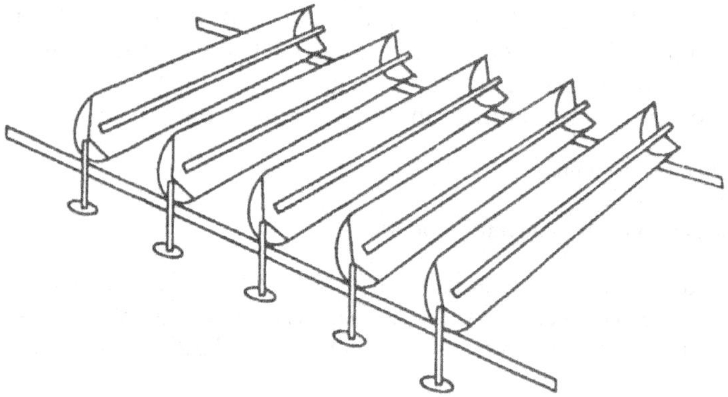

FIG. 7-III. Batería de colectores de concentración lineal.

El índice de concentración varia de 15 a 50 y la temperatura que puede alcanzar el fluido se sitúa entre los 200 y 300°C dependiendo de la configuración del sistema.

El eje de este colector se monta en la dirección este-oeste, pudiendo efectuarse un seguimiento de la altura solar mediante el movimiento de la superficie reflectora, o eventualmente mediante el desplazamiento del eje focal a través de un sistema de servomecanismo automático.

De esa manera, mediante la parábola reflectora, los rayos solares se concentran sobre la línea focal, calentando el fluido térmico que generalmente es aceite que circula por el interior del tubo.

COLECTOR PUNTUAL

El colector de concentración puntual, presenta un índice de con-

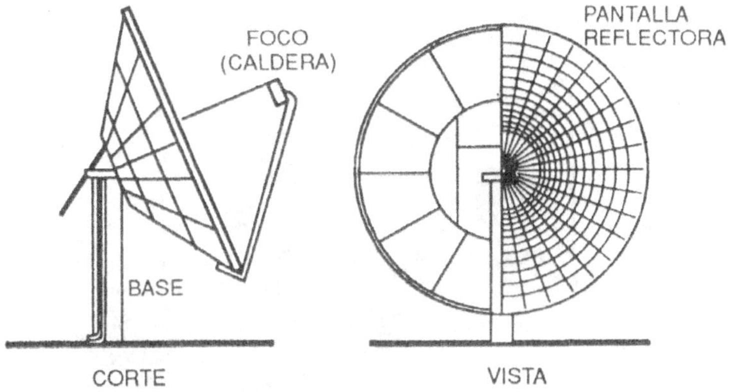

FIG. 8-III. Colector de concentración puntual.

centración mucho mayor que los anteriores, alcanzando índices de concentración de más de 500.

Este colector está basado básicamente, por una superficie de revolución reflectora que concentra la radiación solar sobre un punto focal en el cual se encuentra una pequeña caldera formada por varios tubos concéntricos.

Por ellos circula el fluido térmico que generalmente es aceite especial, que alcanza temperaturas superiores a los 300 °C. En la figura 8-III se señalan las características de este tipo de colector, en forma esquemática.

La operación correcta de estos tipos de colectores depende en gran medida del estado de mantenimiento de las superficies reflectoras y del mecanismo de rastreo, especialmente en zonas de alta contaminación atmosférica.

Por ello, resulta más adecuado para regiones con cielos limpios y despejados, en donde la mayor parte de la radiación es directa.

Las elevadas temperaturas que pueden obtenerse permiten usar satisfactoriamente este tipo de colectores en sistemas solares de frío, como se verá en el Capítulo VII.

Emplazamiento de colectores planos

Son numerosas las posibilidades de instalación de los colectores solares, pudiendo instalarse sobre el techo, patio, jardín, etc., de acuerdo a las características de cada proyecto. En la figura 9-III se muestran algunas formas de instalación.

La ubicación de los paneles solares no debe dificultar la necesaria accesibilidad para el mantenimiento de los mismos.

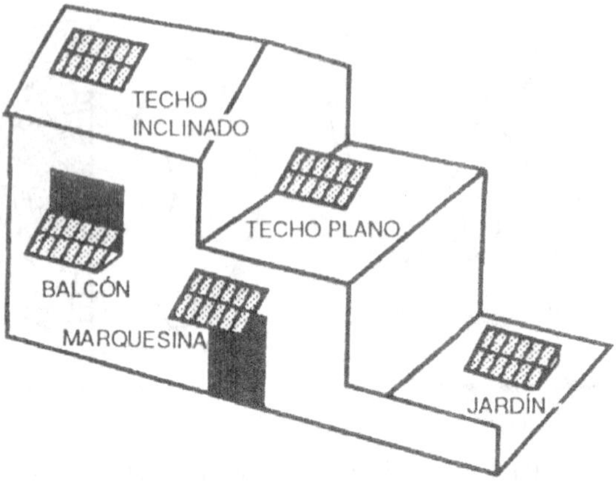

FIG. 9-III. Formas de emplazamiento de colectores solares.

La parte de los soportes de los colectores que se encuentren empotrados, debe ser accesible para su eventual reparación.

La edificación debe ser capaz de soportar el incremento de carga originado por el emplazamiento de los paneles, siendo necesario considerar todas las condiciones de sobrecargas posibles, como por ejemplo la acción del viento, efectos sísmicos, nieve, etc.

En zonas afectadas por el granizo conviene efectuar una protección de la cubierta transparente del colector, generalmente mediante una malla de alambre tejido metálico.

Además los soportes estructurales deben seleccionarse de manera que no sean afectados por la expansión térmica de colectores y cañerías.

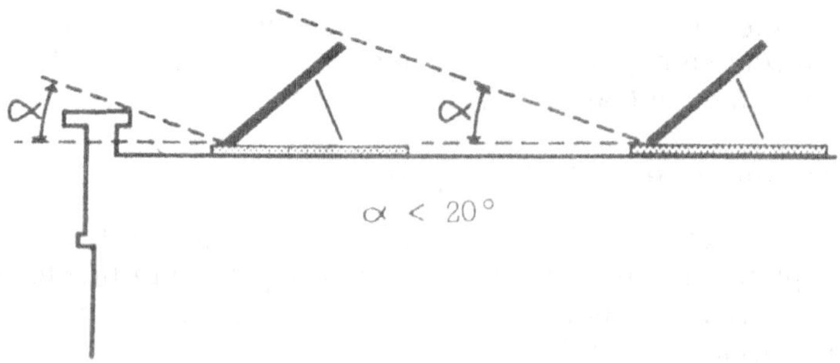

FIG. 10-III. Separación de colectores.

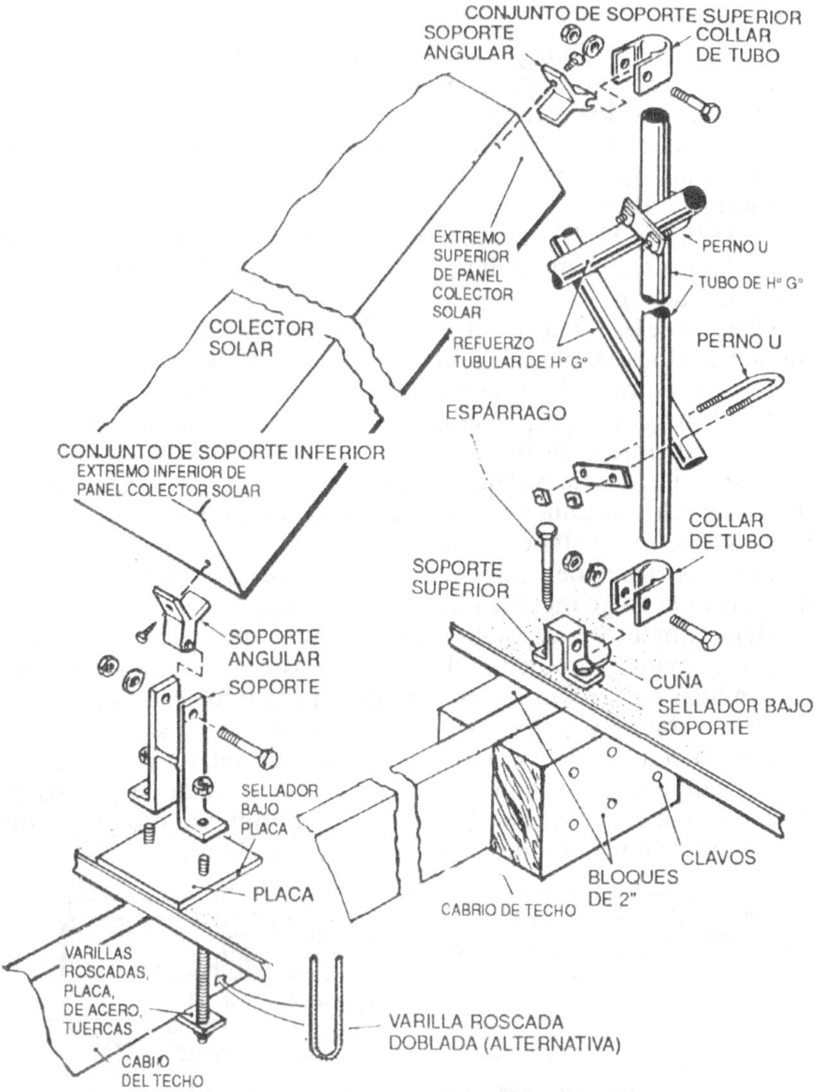

FIG. 11-III. Detalle de montaje de colector solar sobre techo de madera.

Los materiales de la edificación que se encuentren adyacentes a los componentes solares, no deben estar expuestos a temperaturas elevadas que pueden llegar a deteriorarlos.

Es fundamental, en el estudio del emplazamiento, determinar que no existan áreas sombreadas, ya sea por otros edificios, árboles, etc.

En el caso del montaje de colectores en baterías se separan unos de otros, a fin de que no exista proyección de sombras que puedan afectar el rendimiento de los colectores.

Como norma práctica puede establecerse el criterio de separación de acuerdo al ángulo alfa menor que 20°, como se indica en el detalle de la figura 10-III.

En la figura 11-III se muestra un detalle característico de montaje de un colector sobre un techo, indicándose esquemáticamente los elementos de fijación.

Cuando se instalen colectores en baterías, la posición debe ser perfectamente alineada, para permitir un prolijo conexionado de cañerías.

Los colectores deben ser soportados en la parte opuesta a la superficie de colección y los soportes deben ser totalmente independientes de las cañerías de interconexión.

Uno de los problemas que suelen presentarse, consiste en la rotura de los accesorios de conexión de cañerías con los colectores, por lo que debe prestarse suma atención a estos aspectos.

Los soportes deben colocarse de modo que no retengan el agua de lluvia contra la parte metálica de los colectores.

Generalmente se especifica que los colectores sean protegidos de la acción del viento, no debiendo los mismos sufrir daño alguno al soportar ráfagas de 120 km/h, provenientes de cualquier dirección.

Deben tomarse todas las prevenciones necesarias para evitar filtraciones en el montaje, para lo que se emplean sellantes especiales.

Las cañerías de los colectores, cuando se instalen en grupos, pueden conectarse en serie, paralelo o más comúnmente en forma mixta, como se indica en los esquemas que muestra la figura 12-III.

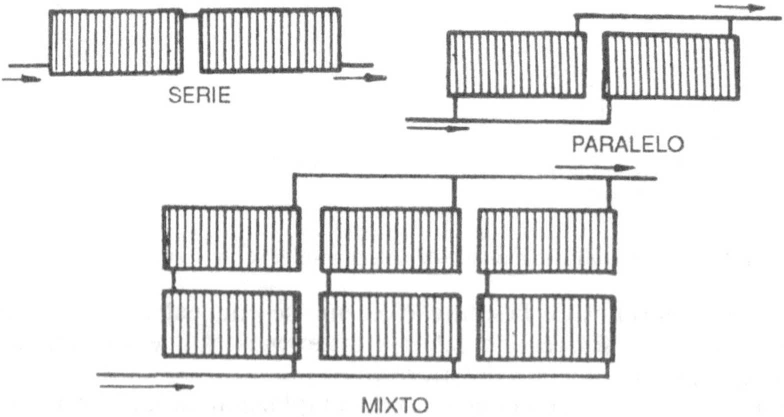

FIG. 12-III. Conexión de paneles.

A fin de evitar demasiadas contrapresiones resulta conveniente que las conexiones en serie de los colectores no sean más de dos.

Posición del colector solar

Para obtener el mayor rendimiento del colector solar, es necesario que tenga una dirección que vaya siguiendo la trayectoria del sol durante el día.

Sin embargo en la mayoría de las instalaciones simples, la ubicación del colector es fija, por lo que debe dotarse a su emplazamiento de determinadas características que hacen a dos aspectos básicos:

- Orientación.
- Inclinación.

ORIENTACIÓN

La orientación óptima del colector es que su superficie de captación este dirigida hacia el norte, dado que permite aprovechar el mayor número de horas del sol, independientemente de la estación del año y de la latitud de emplazamiento.

En aquellos casos en que esa colocación no sea posible por condiciones constructivas como obstrucciones, sombras, etc., debe orientarse tratando de asegurar el mayor número de horas de sol. Para ella debe buscarse no desviarse de la orientación norte más de 20° como se indica enla figura 13-III.

INCLINACIÓN DEL COLECTOR

La inclinación del colector es aquella que asegura la mayor captación de energía solar, lo que depende de dos factores:

- Latitud del lugar de emplazamiento.
- Período de utilización durante el año.

El cálculo exacto es muy laborioso, por lo que en la práctica se recurre a establecer la inclinación del colector en función de las siguientes reglas, que permiten determinarla con suficiente aproximación, de acuerdo al período de uso:

- Para el período de verano, el ángulo de inclinación debe ser igual a la latitud del lugar menos 20°.
- Para el período de invierno, el ángulo de inclinación debe ser igual a la latitud del lugar más 10°, como se detalla en la figura 14-III.

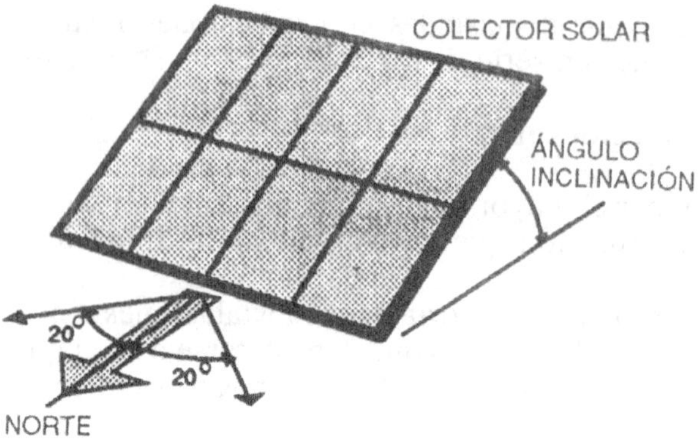

FIG. 13-III. Orientación del colector solar.

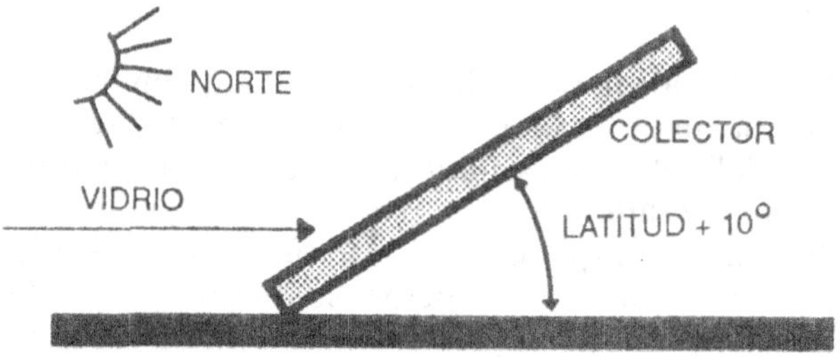

FIG. 14-III. Inclinación del colector solar para el período de invierno.

- Para el uso del colector durante todo el año, la inclinación debe ser igual a 0,9 de la latitud del lugar.

Por ejemplo para la ciudad de Buenos Aires, con 35° de latitud sur, corresponden las siguientes inclinaciones, según los períodos de aplicación a que están destinados los colectores.

- Verano: Para refrigeración solar:
  35°- 20° = 15°
- Invierno: Para provisión de agua caliente de uso domiciliario o calefacción:
  35° + 10° = 45°
- Todo el año:
  0,9 x 35° =31,5°

En la figura 15-III se detalla lo indicado precedentemente.

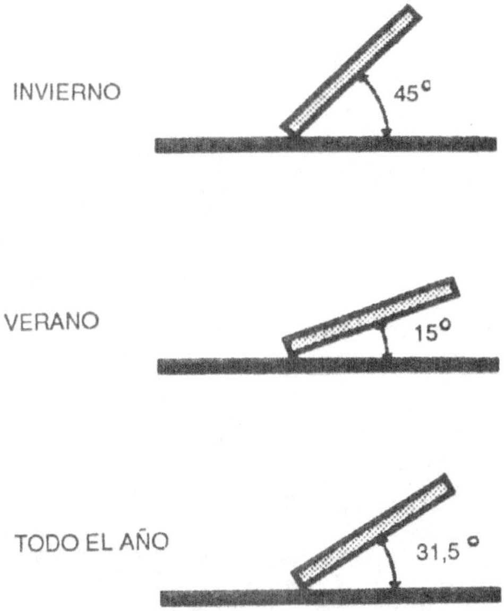

FIG. 15-III. Inclinación del colector solar en Buenos Aires.

CAPÍTULO IV

PRODUCCIÓN DE AGUA CALIENTE

Elementos constitutivos

La aplicación de los sistemas de captación de energía solar para calentamiento del agua destinada al consumo sanitario, puede ser en instalaciones domésticas de viviendas o en sistemas centralizados de gran envergadura como clubes deportivos, escuelas, hospitales, fábricas, etc.

La instalación se compone de tres elementos básicos, los que son complementados con equipos de bombeo, control y auxiliares. Los mismos, según se indica en la figura 1-IV son los siguientes:

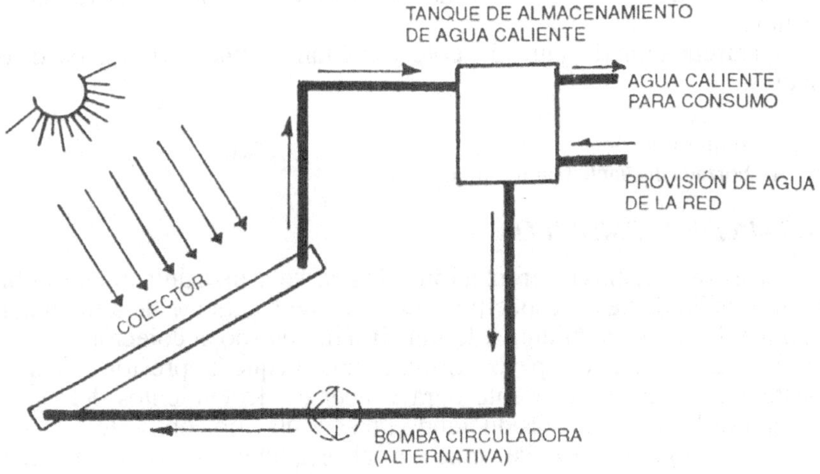

FIG. 1-IV. Esquema básico de funcionamiento.

- Colector solar.
- Tanque de almacenamiento de agua caliente.
- Cañerías de vinculación.

COLECTOR SOLAR

Es la parte destinada a captar el calor solar y transferir dicha energía al agua que circula por los mismos. Generalmente para las aplicaciones de producción de agua caliente para el consumo, en la que no se requieren altas temperaturas, se emplean *colectores planos*, cuyas características ya se analizaron precedentemente.

TANQUE DE ALMACENAMIENTO DE AGUA CALIENTE

Es un elemento indispensable en estas instalaciones, destinados a acumular el agua que se calienta en el colector solar.

Este tanque debe estar diseñado como para almacenar el agua necesaria para el consumo en los momentos que no incide la energía solar. Debe estar perfectamente aislado a fin de reducir al mínimo las pérdidas de calor, pudiéndose emplear lana de vidrio, mineral, poliestireno expandido, etc.

CAÑERIAS DE VINCULACIÓN

Dichas cañerías pueden ser de distintos materiales como latón, bronce, cobre y hierro galvanizado.

Las cañerías sirven para vincularlo con el sistema de provisión de agua fría del edificio, derivándose el agua caliente a las fuentes de consumo.

La circulación del agua del colector al tanque puede efectuarse de dos maneras:

- Termosifón.
- Forzada mediante bomba circuladora.

SISTEMA DE TERMOSIFÓN

En estos sistemas la circulación del agua, se realiza únicamente debido a la diferencia de pesos específicos entre el agua caliente de alimentación al tanque de almacenamiento y la más fría de retorno al colector.

Esa diferencia de pesos origina una pequeña presión eficaz en el sistema, la que es suficiente para vencer los frotamientos del agua al circular por las cañerías, produciendo una circulación constante.

En la figura 2-IV se muestra el esquema de funcionamiento, requiriéndose para que la circulación se produzca, que siempre *el tanque acumulador esté ubicado por encima del colector* y próximo a él.

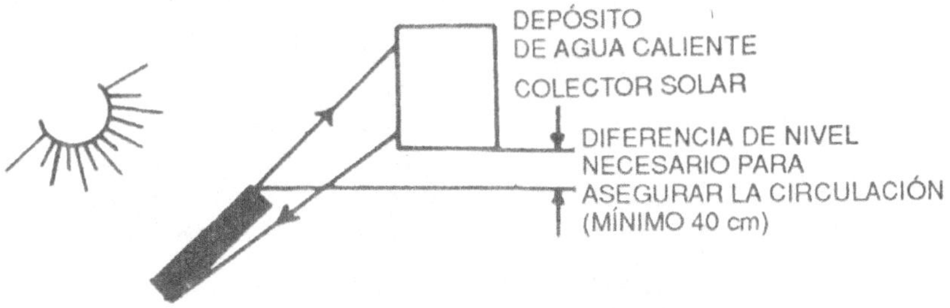

FIG. 2-IV. Circulación por termosifón.

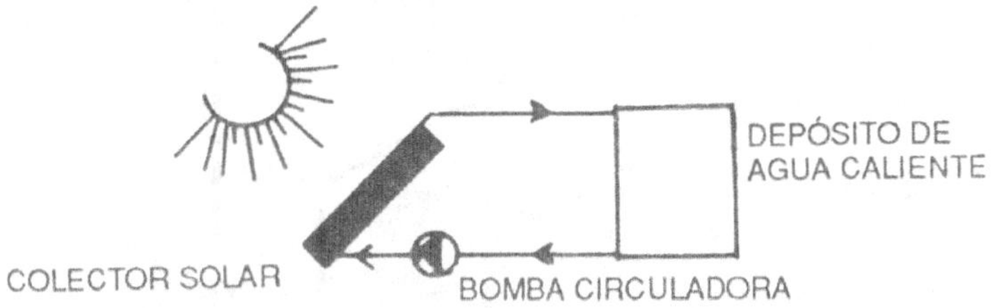

FIG. 3-IV. Circulación forzada por bomba.

El sistema de circulación por termosifón es un sistema simple y económico, siendo el más empleado en instalaciones pequeñas.

SISTEMA DE CIRCULACIÓN FORZADA POR BOMBA

En estos casos la circulación del agua se realiza mediante el empleo de una bomba circuladora, como se indica en el esquema de la figura 3-IV.

De esa manera no existe problema en cuanto a la ubicación del colector con respecto al tanque de almacenamiento, pudiéndose incluso instalar por encima del mismo.

Además, según la forma en que se produce la transferencia de calor del agua del colector al tanque, las instalaciones pueden clasificarse en dos formas:

- Sistema directo.
- Sistema indirecto o cerrado.

Sistema directo

Consiste en que la misma agua que circula por el colector, se utilice para el consumo.

Es el caso más común, debiéndose construir el colector con materiales y elementos adecuados de modo de no afectar el agua de consumo.

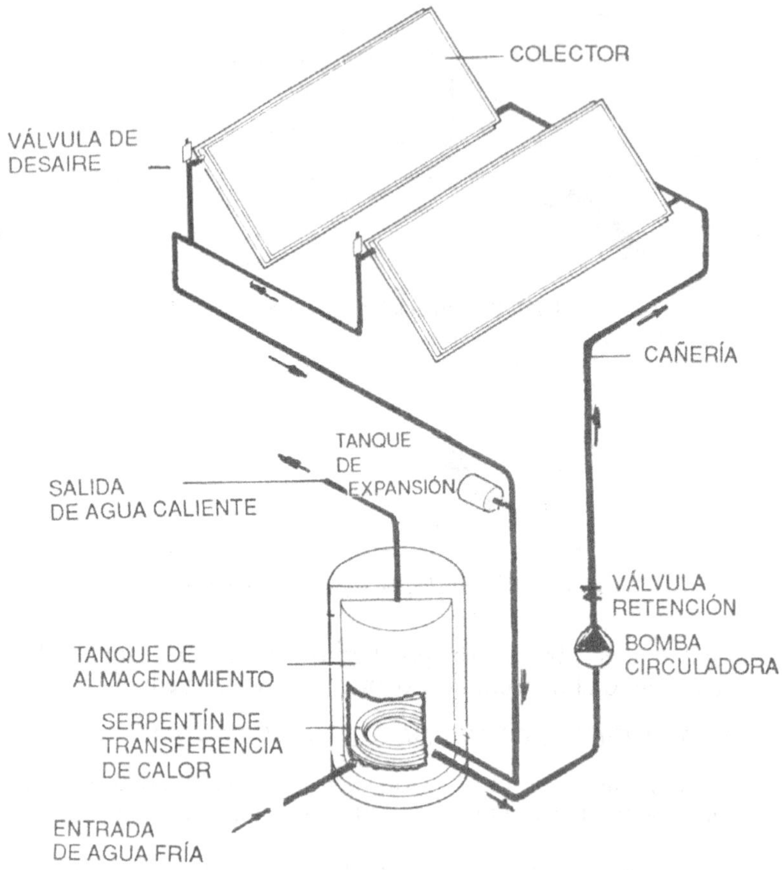

FIG. 4-IV. Sistema indirecto o cerrado.

Sistema indirecto o cerrado

En estos casos el agua del colector circula separada del agua de consumo del sistema, como se detalla en la figura 4-IV.

En general estos sistemas se emplean en lugares donde se producen temperaturas de congelamiento durante las noches o donde hay problemas de aguas duras.

Se observa que el agua de consumo domiciliario se calienta en forma indirecta por transmisión del calor del agua que circula por el circuito del colector solar. A esta agua en los casos indicados se le agrega una solución que evita el congelamiento y la corrosión.

El efecto de las heladas durante la noche es uno de los problemas más importantes que han puesto fuera de servicio numerosas instalaciones, debido al aumento de volumen que se produce, lo que origina el deterioro de las cañerías.

Otra de las soluciones adoptadas, consiste en el *vaciado* del colector solar durante la noche, en forma automática o manual.

En los casos de los sistemas cerrados, deben tomarse previsiones también por las altas temperaturas que puede alcanzar el colector, debido al poco volumen de agua que contienen, problema que se magnifica en la época veraniega.

Por ello, se aplica un *tanque de expansión* para permitir absorber la dilatación del agua y una *válvula de seguridad* que drene el vapor eventualmente generado o sobrepresiones excesivas.

Se utiliza en general un tanque de expansión del tipo cerrado, que consta de un recipiente hermético con un fuelle interno, que permite absorber la dilatación producida en el agua.

El circuito debe contar con una *válvula de aereación automática*, para eliminar cualquier burbuja de aire que haya penetrado en el sistema.

Como norma práctica, para el diseño del serpentín de transferencia de calor que se ubica dentro del tanque de almacenamiento, puede adoptarse *0,25* m^2 *de superficie de cañería, por metro cuadrado de panel.*

Análisis comparativo de los sistemas directos o abiertos e indirectos o cerrados

En el sistema directo o abierto, el agua que circula por el colector es la misma que se consume en el tanque de almacenamiento, por lo que hay que tomar previsiones en cuanto a la construcción del colector y las cañerías de interconexión, de modo de que no se produzcan contaminaciones con óxido, especialmente cuando se emplean caños de hierro galvanizado.

Son de un costo menor por su construcción más sencilla, ofreciendo una mejor performance y una más fácil operación que los sistemas cerrados.

Además, en general no hay problemas por sobretemperatura y dilataciones, por lo que *no se requiere tanque de expansión*, bastando sólo una válvula de desaire automática de descarga.

Los sistemas indirectos o cerrados se emplean comunmente en los casos de que las temperaturas externas son muy bajas con peligro de heladas, porque permiten por el poco volumen de agua y su no utilización para el consumo, la adición de anticongelantes o el vaciado durante la noche, de acuerdo a lo indicado precedentemente.

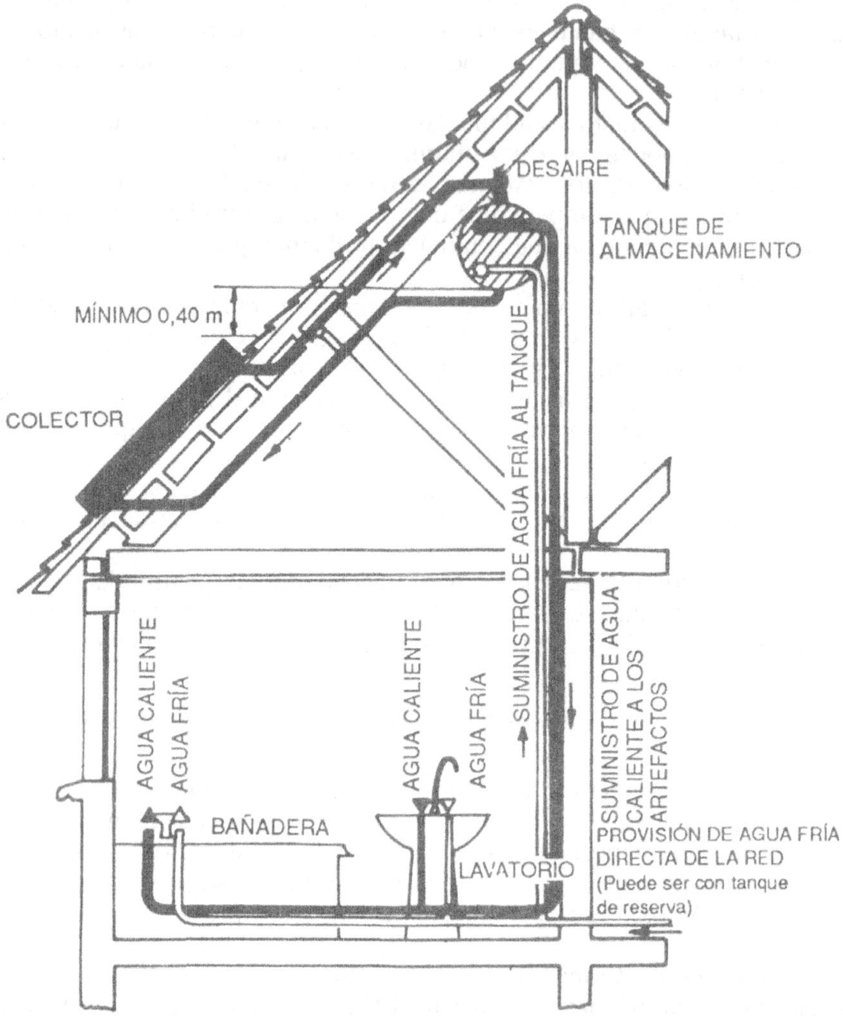

FIG. 5-IV. Esquema de un sistema de provisión de agua caliente, por termosifón.

Detalles de montaje

La instalación de un sistema de captación solar para la provisión de agua caliente puede efectuarse totalmente en el exterior. En la figura 5-IV se detalla una instalación en que se utiliza la pendiente del techo para proteger al tanque de las inclemencias del tiempo.

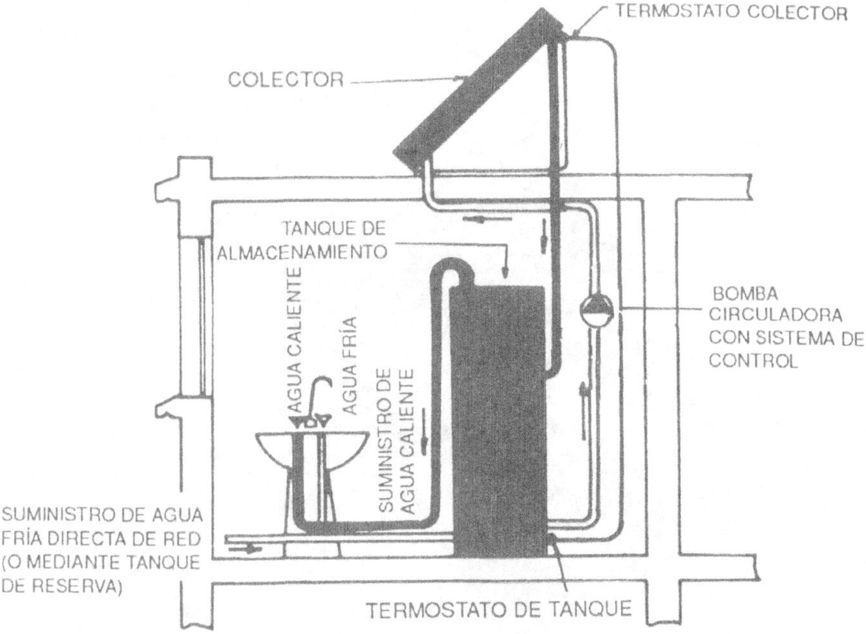

FIG. 6-IV. Esquema de instalación de provisión de agua caliente por circulación forzada.

El tanque debe instalarse en estos casos de modo que sea fácilmente accesible para el mantenimiento. La circulación se produce por termosifón.

En la figura 6-IV se muestra un sistema con la aplicación de una bomba circuladora, que permite cualquier ubicación del tanque, con menores diámetros de cañerías y una mejor regulación de conjunto.

Se ha empleado el tanque de almacenamiento, ubicado dentro del local, bajo el colector solar.

El movimiento del agua mediante la bomba circuladora se regula en función de la temperatura del tanque, y su funcionamiento se debe producir, siempre que la temperatura del agua del panel sea de unos grados superior a la del acumulador de agua caliente.

Esta función esta controlada mediante un *regulador de temperatura diferencial*, provisto con un sensor de calor en el tanque de almacenamiento y otro en el colector solar. Así, cuando el sensor del colector solar supera en 2 °C la temperatura del sensor del tanque, se pone en funcionamiento la bomba circuladora de agua.

Si la diferencia de temperatura disminuye de ese valor, se desactiva automáticamente la bomba, lográndose de esa manera, que la misma solo funcione si existe captación solar.

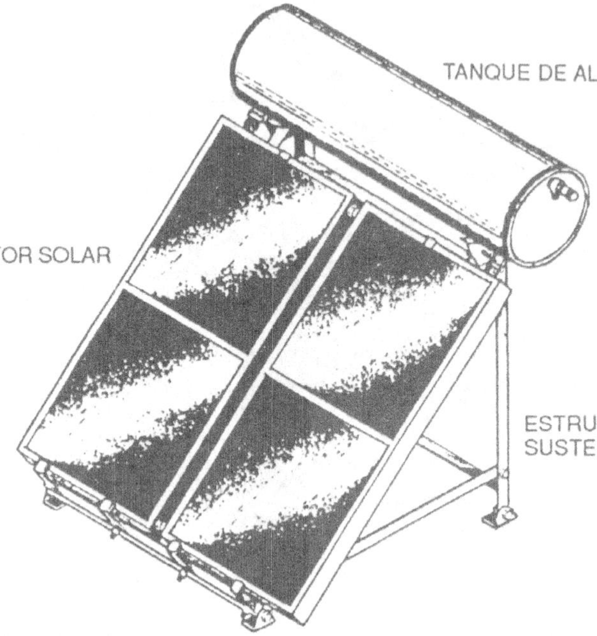

FIG. 7-IV. Equipo de calentamiento de agua solar del tipo integral.

Complementación con fuentes auxiliares de energía

En general para mantener el servicio de agua caliente en días nublados o de poca captación solar, es conveniente complementar estas instalaciones mediante *resistencias eléctricas* o *quemadores a gas*, los que actúan cuando la temperatura del recipiente acumulador desciende de un valor mínimo prefijado.

Por ejemplo, en el caso de la figura 6-IV, es muy común utilizar directamente un *termotanque de agua caliente a gas*, del tipo convencional, el que se complementa con el sistema de captación solar.

El sistema de apoyo asegura agua caliente en todo momento, no siendo necesario por ello, el cambio de los hábitos relativos al uso de agua caliente con los equipos convencionales.

De todas maneras, debe aprovecharse al máximo la utilización de la energía solar, tendiendo a reducir a un mínimo por razones de economía, la eventualidad de utilizar dicha energía complementaria.

Durante los meses de verano, cuando la demanda de agua caliente es menor y la radiación solar es elevada, generalmente no resulta necesario el funcionamiento del sistema de apoyo.

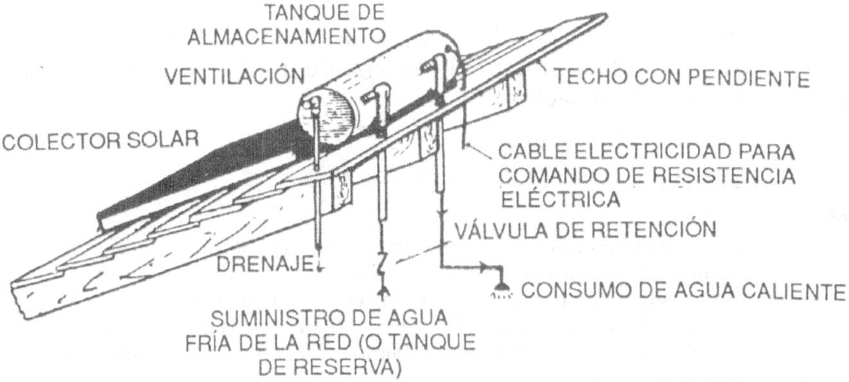

FIG.8-IV. Montaje de equipo de calentamiento de agua integral sobre el techo con pendiente.

Equipos integrales

A fin de reducir costos, espacios y simplificar notablemente el montaje, se fabrican equipos para producción de agua caliente integrales, en los que el tanque de acumulación viene directamente incorporado al colector.

En estos sistemas la circulación es por termosifón, ubicándose el tanque de almacenamiento en la parte superior del equipo, tal como se muestra en la figura 7-IV.

Estos equipos ya vienen, incluso, con una resistencia eléctrica de inmersión adicional para el caso de no contarse con el suministro de calor solar, en períodos excepcionales.

En el esquema de la figura 8-IV se detalla la forma simple de montaje, en el caso de instalarse sobre un techo de tejas con pendiente.

Diseño del equipo de agua caliente solar

El equipo de agua caliente por energía solar debe tener una capacidad, de modo que, en la hora pico de consumo, disponga de la cantidad de agua necesaria a la temperatura requerida.

El cálculo se divide en dos partes fundamentales:

- Dimensiones del colector solar.
- Capacidad del tanque de almacenamiento.

CÁLCULO DE LA SUPERFICIE DE LOS COLECTORES SOLARES

La superficie de los colectores solares depende de la cantidad de calor diaria a suministrar para el calentamiento del agua de consumo.

Se parte de la ecuación:

$$Qd = It\ S\ .\ \eta\ (\text{kcal/día}),$$

Donde:

Qd: cantidad de calor diario por suministrar (kcal/día);
S: superficie de los colectores solares (m^2);
η: rendimiento o eficiencia de los colectores (según los datos de fabricantes en virtud de características de funcionamiento) (%);
It: cantidad de calor solar que captan los colectores (kcal/m^2 día) sobre la superficie inclinada.

Despejando de la ecuación anterior, la superficie de los colectores solares vale:

$$S = \frac{Qd}{It\ .\ \eta}\ (m^2).$$

La cantidad de calor de consumo diario Qd, puede determinarse mediante la fórmula, que relaciona la cantidad de calor con el caudal transportado, considerando sin muchos errores que el calor específico y el peso especifico valen 1.

$$Qd = Cd\ (ts - te),$$

siendo:

Qd: cantidad de calor diario a suministrar (kcal/día);
Cd: caudal diario de agua a calentar (l/día);
ts: temperatura de salida del agua del tanque °C;
te: temperatura de entrada del agua de la red al tanque (°C).

De esa manera, la ecuación que representa la superficie del colector quedaría:

$$S = \frac{Cd\ (ts - te)}{It\ \eta}\ (m^2).$$

Referente al *caudal diario Cd*, puede estimarse como *consumo normal de agua caliente 50 l/día por persona*, valor que ha dado buenos resultados en la práctica.

La *temperatura ts*, es la *temperatura de acumulación* del tanque, que se fija normalmente en 50 °C.

La temperatura de entrada de agua a la red al tanque, te, puede estimarse de 10 a 15 °C como valor normal.

Con respecto al *valor de It*, surge de la radiación proyectada por el sol por metro cuadrado, sobre la superficie inclinada del colector, en función de las horas de asoleamiento y la latitud correspondiente.

El cuadro 1-IV indica, para las distintas localidades del país, los valores de la intensidad solar diaria sobre la superficie inclinada latitud + 10°) (It: kcal/dia m^2), así como la latitud del lugar.

CUADRO I-IV
LATITUD, CAPTACIÓN DE CALOR SOLAR DIARIO TOTAL (It: kcal/día m^2) Y T HORAS DE CAPTACIÓN DIARIO A UNA RADIACION SOLAR DE 1 kw/m^2, SOBRE UN COLECTOR INCLINADO (LATITUD + 10°) EN MES DE JUNIO, PARA DISTINTAS LOCALIDADES DE NUESTRO PAÍS

Localidad	Pcia.	Latitud sur	It (kcal/día m2)	T (horas/día)
Buenos Aires	Capital	34,4	2840	3,3
Mar del Plata	Bs As	38,3	2795	3,2
Bahía Blanca	Bs As	38,4	2511	2,9
Catamarca	Catamarca	28,3	3707	4,3
Córdoba	Córdoba	31,2	3320	3,8
Mercedes	Corrientes	29,1	3388	3,9
Resistencia	Chaco	27,3	2847	3,3
Paraná	Entre Ríos	31,5	3492	4,0
Formosa	Formosa	26,1	3603	4,2
San Salv..Jujuy	Jujuy	24,2	3388	3,9
Santa Rosa	La Pampa	36,3	2769	3,2
La Rioja	La Rioja	29,2	3681	4,2
Mendoza	Mendoza	32,5	3371	3,9
Posadas	Misiones	27,2	3105	3,6
Neuquén	Neuquén	38,6	2580	3,0
Viedma	Rio Negro	40,5	2580	3,0
Salta	Salta	24,5	3105	3,6
San Juan	San Juan	31,3	3896	4,5
San Luis	San Luis	33,2	3629	4,2
Rosario	Santa Fe	32,6	3079	3,6
Stgo. del Estero	Stgo.Estero	27,5	3010	3,5
Tucumán	Tucumán	26,5	2632	3,0

Por otra parte, *el rendimiento η del colector* surge de gráficos del tipo de la figura 9-IV confeccionados sobre la base de análisis experimentales realizados sobre los mismos.

El rendimiento η se establece en el gráfico en función de la relación:

$$\frac{\frac{(te + ts)}{2} - ta}{I} \quad (°C\ m^2/W),$$

Donde:

te: temperatura de entrada del agua en el colector (°C);

ts: temperatura de salida del agua del colector (°C);

ta: temperatura del aire exterior en el momento de captación de la energía solar (°C);

I: intensidad de radiación solar promedio sobre el área del colector (Watts/m²).

Para los cálculos prácticos de suministro de agua caliente solar mediante colectores planos, suele estimarse el rendimiento comprendido entre un 40 a 50 % aproximadamente.

CALCULO DEL TANQUE DE ALMACENAMIENTO DE AGUA CALIENTE

Este tanque debe posibilitar la acumulación de cierta cantidad de agua caliente de reserva, para regular el consumo en caso de dificultades en la captación solar.

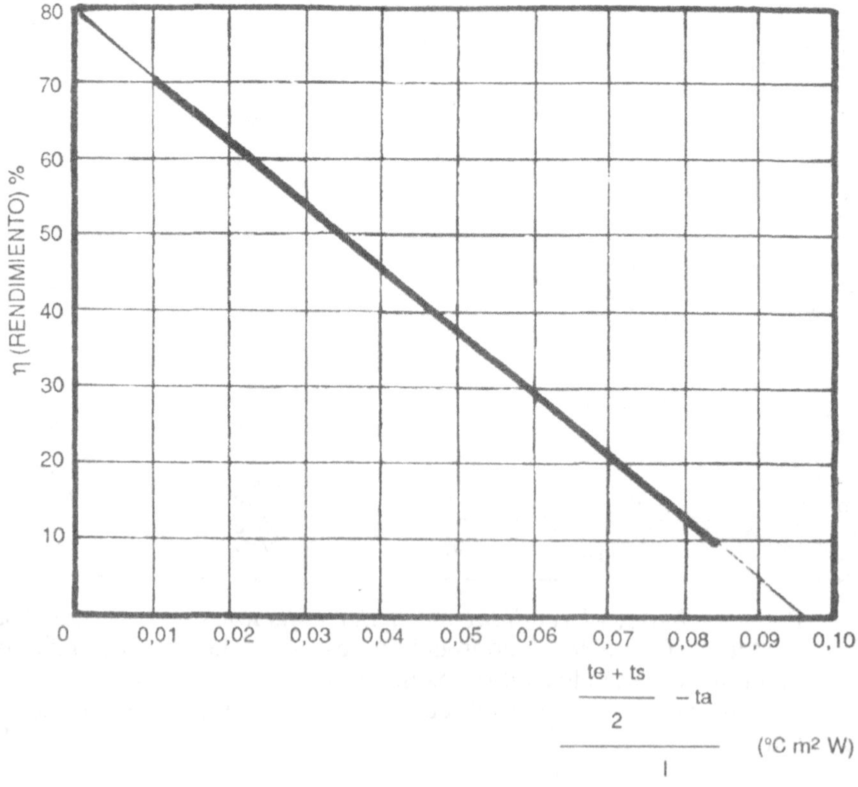

FIG. 9-IV. Curva de rendimiento de colectores planos.

De todas formas, suele complementarse para casos eventuales, mediante fuentes de calor auxiliares, ya sea resistencias eléctricas o quemadores a gas.

En la práctica, para determinar el volumen del tanque de almacenamiento, se considera el consumo diario por las personas más un 50 %.

De esa manera, si se supone en la práctica que el *consumo de agua caliente por persona, diariamente, es de 50 l* y aplicando el porcentaje del 50 %, *la capacidad del tanque de acumulación será de 75 l por persona.*

Ejemplo de cálculo

Sea dimensionar un equipo de calentamiento solar destinado a un edificio de la ciudad de Buenos Aires, para un consumo de 4 personas, de acuerdo al esquema de la figura 1-IV anterior.

Calculo de los colectores

El área del colector se calcula con la fórmula:

$$S = \frac{Cd\,(ts - te)}{It\,\eta}$$

Se supone un consumo diario de 50 l por día por persona, de modo que:

Cd =4 personas x 50 l/día persona =200 l/día.

Se fija:

ts: temperatura de salida del agua caliente del tanque: 50 °C
te: temperatura de entrada del agua fría de la red: 10 °C

El valor de It o intensidad de radiación diaria sobre el plano inclinado del colector vale 2840 kcal/día m^2 (cuadro 1-IV) para el mes de junio en Buenos Aires; debiéndose colocar el colector mirando hacia el norte, con una inclinación de 45°, dado que Buenos Aires se encuentra a 35° de latitud sur.

El rendimiento del colector plano se estima según datos del fabricante en: η = 50 %.

Por lo tanto, el área del colector será de:

$$S = \frac{Cd\,(ts - te)}{It\,\eta} = \frac{200\,(50 - 10)}{2.840\,.\,0,50} = 5,63\ m^2$$

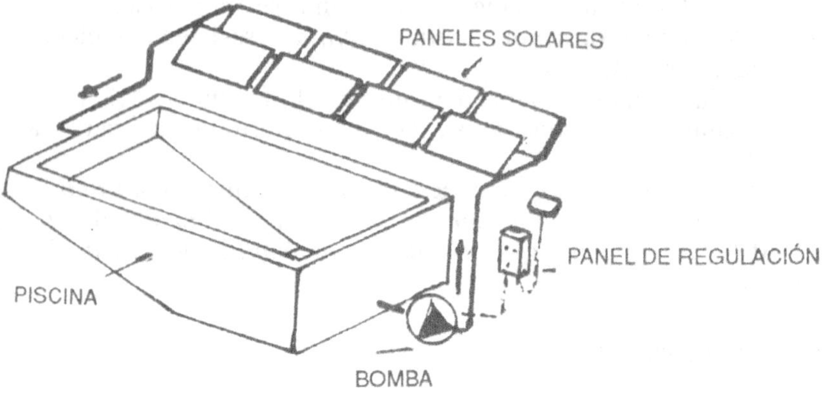

FIG. 10-IV. Detalle de instalación piscina.

Adoptando un margen de seguridad, *se establece un área de colección de 6 m^2*, lo que equivale a instalar 3 colectores planos de 2 x 1 m cada uno.

En este caso, se consideraron 4 personas, lo que lleva a que si se tratara de 1 persona, el área del colector será de 6 m^2/4 pers. = 1,5 m^2/ persona.

O sea, en la práctica se considera *1,5 m^2 de colector por persona del edificio.*

Cálculo del tanque de almacenamiento

Considerando 75 l por persona, el tanque de almacenamiento será de 75 x 4 =300 l.

Aplicación de energía solar para calentamiento de agua de piscinas

Otra manera de aprovechar la energía solar es su aplicación al calentamiento de agua para piscinas, la que puede complementarse con los otros servicios explicados precedentemente.

Se observa en la figura 10-IV el esquema básico de funcionamiento. El agua circula mediante una bomba por los captadores solares. Un termostato detiene el funcionamiento de la bomba en el momento que no hay radiación solar.

La piscina, a la vez, recibe en forma directa el calor solar, lo que significa un aporte térmico adicional. Es conveniente cubrirla de noche para evitar pérdidas de calor.

Como *norma orientativa* se puede decir que para incrementar la temperatura normal del agua en aproximadamente 8 °C, será necesario una superficie de captadores correspondiente al 50% de la superficie de la piscina.

Como se había mencionado, este tipo de instalaciones puede complementarse con una instalación de calefacción y de suministro de agua caliente sanitaria, según se indica en la figura 9-I anterior.

CAPÍTULO V

CALEFACCIÓN SOLAR

Generalidades

Las experiencias en cuanto al aprovechamiento de la energía solar para la calefacción de edificios se pueden dividir en dos grupos fundamentales:

- *Sistemas pasivos*, ya descriptos en el Capítulo II.
- *Sistemas activos:* empleándose dos sistemas básicos en forma general:
  - Sistemas con colectores por agua caliente.
  - Sistemas con colectores por aire caliente.

Sistemas con colectores por agua caliente

El principio de estas instalaciones es similar al explicado para la producción de agua caliente para uso doméstico y sus características de funcionamiento se detallan en el esquema de la figura 1-V.

Consta de un captador solar y un tanque de acumulación que está en función de la envergadura de la instalación y del tiempo máximo que se quiere mantener el servicio, sin recurrir a una fuente auxiliar de calor en los casos de días nublados y horas nocturnas.

Para aumentar el rendimiento y rapidez de puesta en régimen de la instalación, se utilizan bombas de agua, ya sea desde el colector al tanque de acumulación como desde éste hasta el serpentín de transferencia de calor al local.

El agua caliente acumulada en el tanque, que por supuesto debe contar con un adecuado aislamiento térmico, es distribuido por cañerías al sistema de calefacción de los locales.

A fin de suministrar la cantidad de calor necesaria en períodos prolongados en que no se cuenta con una adecuada captación solar, es

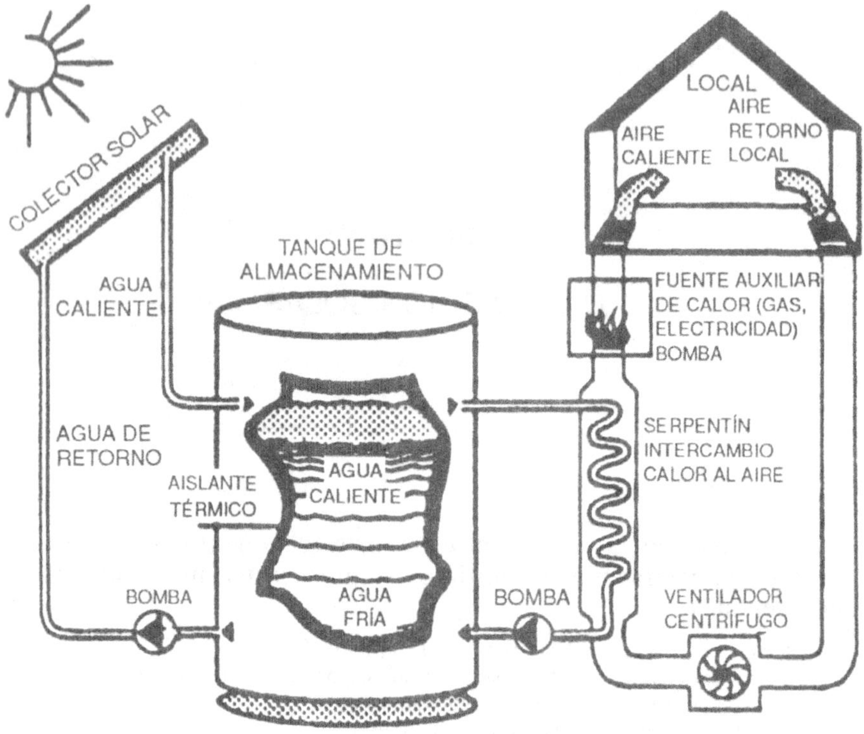

FIG. 1-V. Calefacción solar con colectores por agua.

conveniente aplicar una fuente auxiliar, que generalmente funciona a gas o electricidad.

Los sistemas de calefacción a aplicar pueden ser de varios tipos entre los que se pueden mencionar:

- Losas radiantes.
- Paneles radiantes de piso.
- Radiadores.
- Fan-Coil.
- Distribución de aire con ventiladores y conductos, como se detalla en la figura 1-V, etc.

En la figura 2-V se muestra el esquema de una instalación de calefacción solar por panel de piso radiante.

El sistema funciona comandado por un equipo de control, consistente en un termostato que actúa sobre el circuito de circulación de agua a través de los captadores solares y otro que opera de la misma

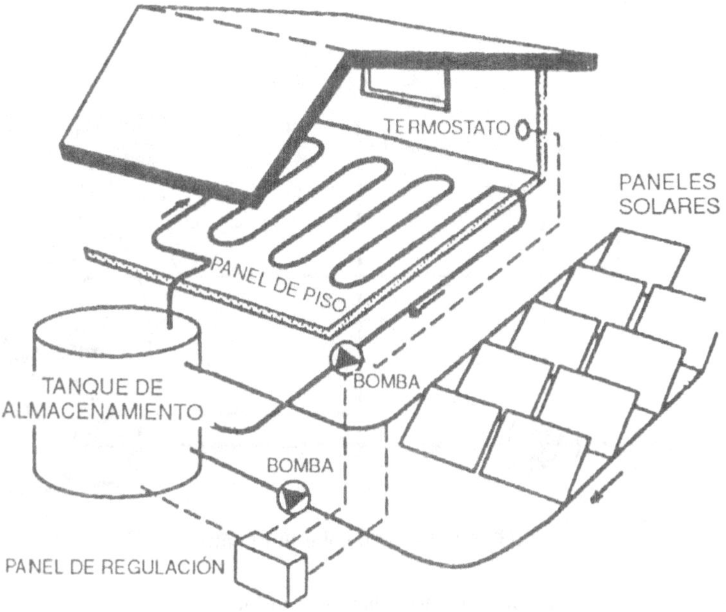

FIG. 2-V. Calefacción solar por piso radiante.

forma sobre el circuito de agua del interior de la vivienda. Todas esas funciones son centralizadas en un panel de regulación automática.

En la figura 3-V se indica una conexión sencilla de un panel de regulación solar. La bomba circuladora de agua se pone en marcha cada vez que las condiciones exteriores permiten la captación solar, generalmente cuando la temperatura del colector solar supera en aproximadamente en 2 °C la del acumulador.

El panel de control viene previsto para el accionamiento automático de una resistencia eléctrica o eventualmente una válvula solenoide de paso de un quemador de gas, si la temperatura del depósito disminuye de un valor predeterminado, cuando no existe suficiente captación solar.

Para controlar todo el sistema se hace uso de termostatos, sensores, relés y un control diferencial de temperatura. Este último es el encargado de gobernar la válvulas y bombas de circulación en la secuencia apropiada de acuerdo con las necesidades y disponibilidades de cada momento; realizando las siguientes funciones:

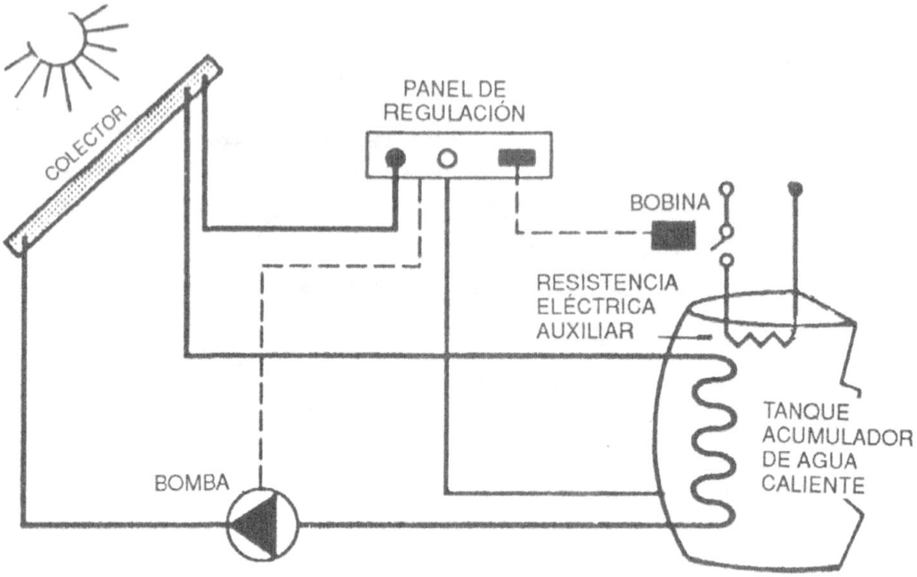

FIG. 3-V. Control solar automático.

- Recoger energía solar cuando la hay disponible.
- Cuando hay demanda de calefacción suministrar energía solar directamente a la carga.
- Cuando no se dispone de energía solar utilizar la energía almacenada.
- Usar en todos los casos energía solar directa o almacenada antes que la provista por el equipo auxiliar.
- Utilizar la energía auxiliar cuando no se dispone de energía directa o almacenada, o según se necesite para mantener las condiciones de confort en el ambiente.

Uno de los problemas que sufren estas instalaciones, como ya se ha mencionado al explicar los sistemas de agua caliente son las *heladas*, debiéndose tomar previsiones, ya sea mediante el uso de anticongelantes en circuito cerrado del colector solar o produciendo el vaciado del mismo durante las horas de la noche; que puede ser en forma automática o manual.

En la figura 4-V se muestra un esquema de funcionamiento de un sistema de calefacción solar, mediante el empleo de radiadores de agua caliente.

En estos casos debe incrementarse el tamaño de los mismos debido a que trabajan con temperaturas más bajas que las normales.

Existen dos sistemas de control, uno destinado a regular la captación solar y otro con el fin de regular el suministro de calor a los locales

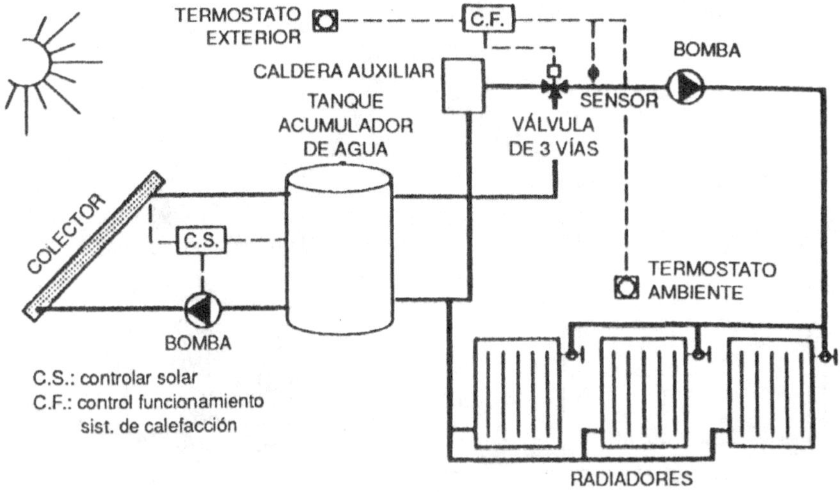

FIG. 4-V. Calefacción solar por radiadores de agua caliente.

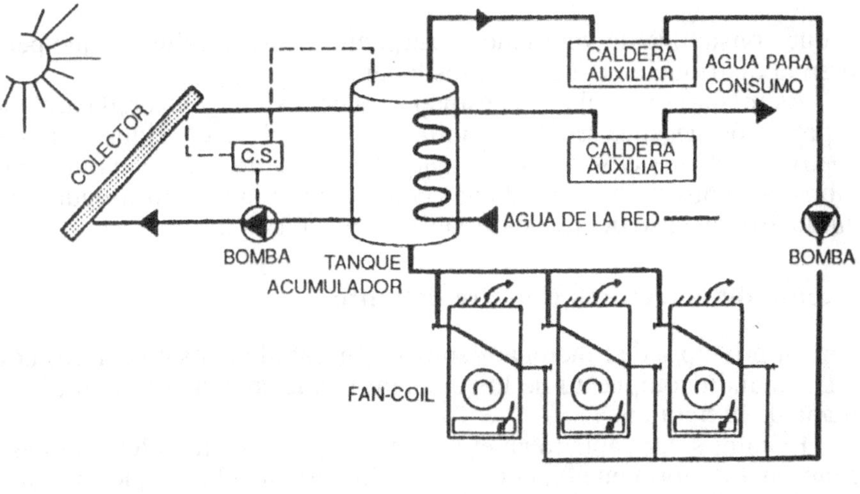

FIG. 5-V. Calefacción solar con fan-coil y provisión de agua caliente.

por radiadores, en función de la temperatura interior y exterior.

Se ha incluido en el sistema una caldera auxiliar a gas o eléctrica, con el fin de asegurar el suministro de calefacción en todo momento.

En la figura 5-V se indica un esquema de una planta de calefacción solar utilizando equipos tipo fan-coil, que son aparatos individua-

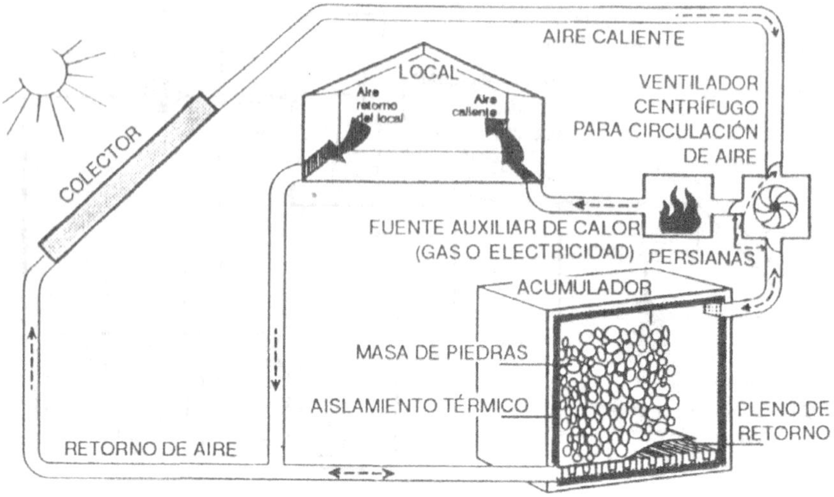

FIG. 6-V. Esquema de funcionamiento de calefacción solar con colectores de aire.

les que constan de un ventilador y serpentín de agua caliente, que permiten la distribución del aire en los locales.

Asimismo se señala en el esquema la conexión de una red paralela de provisión de agua caliente sanitaria, debiéndose consignar que *en la mayoría de los casos se complementan estas dos instalaciones*. En ambos sistemas se han instalado calderas auxiliares para asegurar el suministro, en caso de no existir suficiente captación solar.

Sistema de colectores por aire caliente

Su principio de funcionamiento es similar al de los colectores por agua, estando compuesto de los elementos que se consignan en el esquema de la figura 6-V.

El calor solar captado en el colector cuyas características ser describieron anteriormente en el Capítulo III, calienta el aire que es transportado mediante un ventilador del tipo centrífugo al local a calefaccionar, mediante una red de conductos.

Parte de dicho aire caliente se deriva a un acumulador consistente en un lecho de piedra, que cuenta con un adecuado aislamiento térmico. El medio de almacenamiento es generalmente, piedra triturada, canto rodado, gravilla, etc.

La capacidad de almacenamiento de calor del lecho de piedra depende de:

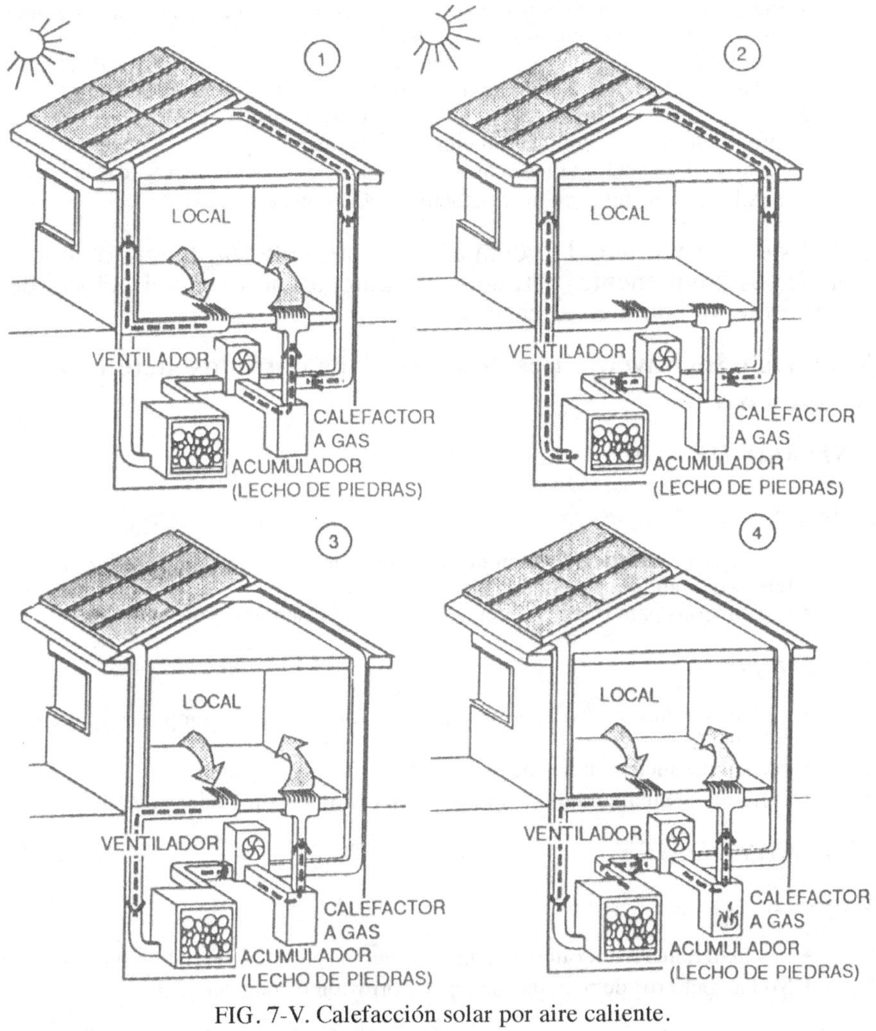

FIG. 7-V. Calefacción solar por aire caliente.

- Volumen neto de la piedra (en general los espacios de aire representan un 30 %).
- Peso específico (2.000 a 3.000 kg/m^3).
- Calor específico 0,3 kcal/kg °C.
- Temperatura (°C).

La capacidad de almacenamiento total del lecho puede suponerse *como mínimo en 0,2 m^3 por m^2 de colector.*

En la figura 7-V se muestra la secuencia de funcionamiento de una instalación de este tipo, que se detalla seguidamente:

1) Se produce la captación del calor solar, que esta destinado en un primer momento al calentamiento directo del local a acondicionar.
2) Habiéndose satisfecho las condiciones preestablecidas en el local, el calor solar, se almacena en el lecho de piedras.
3) Al cesar la captación de energía solar, el calor almacenado en el lecho de piedra, se destina al acondicionamiento del local.
4) Cuando dicho calor almacenado no es suficiente, comienza a actuar la fuente auxiliar, consistente en un calefactor de aire caliente a gas.

Este sistema tiene la ventaja de no presentar problema de corrosión de sus componentes y fundamentalmente, no existe el peligro del congelamiento como en el caso del agua.

Ventajas e inconvenientes comparativos entre los sistemas de agua o aire

SISTEMAS DE AGUA

Ventajas

- Requieren alrededor de la mitad de volumen de almacenamiento que un sisterna equivalente que emplee aire.
- Las cañerías para transferencia de calor tienen menores dimensiones.

Desventajas

- Los materiales y el trabajo de cañerías son algo más complejos que en un sistema de aire.
- Pueden producirse daños por causas de pérdidas de agua.
- Precisan mantenimiento para protección contra el frío y la corrosión.

SISTEMAS DE AIRE

Ventajas:

- Los materiales requeridos para la instalación son relativamente sencillos.
- No hay peligros de pérdidas de agua; corrosión o congelamiento.

Desventajas:

- Se necesitan grandes conductos que pueden ser en algunos casos difíciles de instalar y sellar.
- El sistema de almacenamiento requerido es de gran tamaño.

Cálculo de las instalaciones de captación para calefacción solar por agua caliente

Como ya se ha indicado, los colectores solares para calefacción deben ubicarse orientados hacia el Norte, con una inclinación igual a la latitud del lugar + 10°. Por ejemplo, en Buenos Aires que está a 35° de latitud sur, correspondería una inclinación del panel de 45° (ver figuras 13-III y 14-III página 60).

En cuanto a la superficie de los colectores solares, está en función de la cantidad de calor de pérdida de los locales, de acuerdo al balance térmico correspondiente.

Para el cálculo puede partirse de la ecuación:

$$Q_d = I_t \cdot S \cdot \eta.$$

Siendo:

Q_d: cantidad de calor diario por suministrar (kcal/día);
S: superficie de los colectores solares (m^2);
η: rendimiento o eficiencia de los colectores. (Varía de 0,2 a 0,4 según las características de funcionamiento siendo menor que cuando se utiliza para la producción de agua caliente debido a que se requiere una mayor temperatura de trabajo)(%);
I_t: cantidad de calor solar que captan los colectores en total por día (kcal/m^2 día sobre la superficie inclinada (Cuadro 1-IV).

En general, es difícil determinar con precisión la cantidad de calor Q_d que debe suministrarse por día, dado que dependerá del régimen de funcionamiento, teniendo en cuenta la variación diaria de la temperatura exterior.

Sin embargo, la experiencia práctica ha llevado a adoptar el 60 % del balance térmico horario durante 8 horas de funcionamiento, valor que ha dado resultados aceptables.

De esa manera:

$$Q_d = Q_t \cdot 0{,}6 \cdot 8 = 4{,}8\ Q_t.$$

Donde:

Q_t: cantidad de calor a suministrar par hora (kcal/h).

La cantidad de calor Q_t se determina mediante el balance térmico.

En algunos casos pueden efectuarse reducciones de la cantidad de calor debido al aporte de factores que normalmente no se tienen en cuenta, con ser disipación de calor de personas, luces, etc.

Con respecto al valor de I_t surge de la radiación proyectada por el sol por metro cuadrado sobre la superficie inclinada del colector, en función de las horas de asoleamiento y la latitud correspondiente.

Teniendo en cuenta la norma de orientación de los colectores hacia el norte con una inclinación 10° mayor que la latitud del lugar pueden estimarse para el mes de *junio* los valores indicados en el cuadro I-IV de la página 73.

Despejando de la ecuación anterior, la superficie de los colectores solares vale:

$$S = \frac{Q_d}{I_t \cdot \eta}.$$

Los colectores solares necesitan un tanque de almacenamiento para poder trasladar la energía de las horas del sol a las horas de la noche, donde, incluso, la necesidad de calefacción es mayor.

Por regla general, se necesita instalar un tanque con capacidad mínima de almacenamiento de *100 litros por metro cuadrado de superficie de colector.*

Este sería el valor mínimo dado por la experiencia; puede, incluso, adoptarse valores mayores con el consiguiente aumento de seguridad de funcionamiento.

La bomba circuladora del colector al tanque se fija en función de que pueda circular la capacidad del tanque en una hora.

En cuanto a la instalación de calefacción, se calcula de la misma manera que para las casos normales. Es conveniente adoptar la caldera auxiliar para la *capacidad total horaria de la instalación*, a fin de evitar problemas en caso de un déficit de varios días en la captación de energía solar.

Como elemento referencial indicativo, puede estimarse que para una casa construida por métodos tradicionales, la superficie de colectores en la ciudad de Buenos Aires puede llegar aproximadamente *al 40 % de la superficie cubierta de la casa.*

EJEMPLO

Dimensionar una instalación de calefacción solar por paneles radiantes de piso en la ciudad de Buenos Aires (35° latitud Sur).

Q_t del balance térmico = 8.300 kcal/h.

Cálculo de los colectores:

$$S = \frac{Q_d}{I_t \cdot \eta}.$$

Donde:

Q_d: 4,8 Q_t = 4,8 x 8.300 = 39.840 kcal/día.
I_t: 2.840 kcal/día m². (cuadro 1 -IV -Pág. 73)
η: 35%, según datos del fabricante de colectores.

$$S = \frac{39.840 \text{ kcal/día}}{2.840 \text{ kcal/día m}^2 \times 0{,}35} \cong 40 \text{ m}^2.$$

Estimando que normalmente cada colector tiene 2 m^2 (1 x 2 m). Debe instalarse en total 20 colectores planos.

Cálculo del tanque de almacenamiento de agua

Se considera 100 litros/m^2 de colector.
O sea 100 litros/m^2 x 40 m^2 = 4.000 litros.

Bomba circuladora

Se estima la capacidad del tanque en una hora. De modo que la bomba tendrá una capacidad de 4.000 litros/hora.

Capítulo VI

CONVERSIÓN FOTOVOLTAICA

Fotocélula solar

La conversión fotovoltaica consiste en la transformación directa de la energía solar en energía eléctrica, mediante la aplicación de un elemento denominado *fotocélula solar.*

La fotocélula más común es una pequeña lámina de *material semiconductor*, compuesto principalmente por silicio.

El silicio es una de las substancias más abundantes en la superficie de la tierra, dado que se encuentra en las arenas.

Para poder utilizar el silicio en la elaboración de las fotocélulas, es necesario alcanzar un cierta estructura geométrica interna que se logra mediante la producción de *cristal de silicio*. De esa manera al exponer una lámina del mismo a la acción solar, se produce el *efecto fotovoltaico*.

Así, cuando el cristal absorbe fotones de luz, con suficiente energía, se origina *el salto de un electrón* sacándolo de su posición inicial, y dirigiéndose hacia la superficie donde incide la acción solar.

Al desprenderse esos electrones con su carga negativa, provocan en la posición que ocupaban la aparición de *huecos u hoyos*, con cargas positivas.

Como los electrones tienden a concentrarse del lado de la acción solar, se genera un *campo eléctrico* con dos zonas perfectamente diferenciadas. Una con cargas negativas donde están los electrones sobre la cara que incide la luz solar y otra con cargas positivas donde están los huecos, en la cara opuesta.

Si se unen dichas regiones por medio de un conductor, utilizando unos contactos metálicos adheridos a cada una de las caras de la lámi-

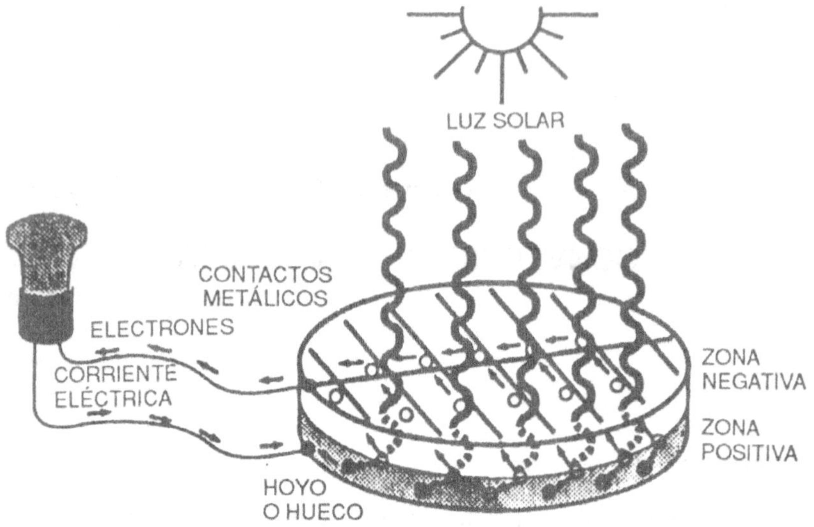

FIG. 1-VI. Funcionamiento de la fotocélula solar.

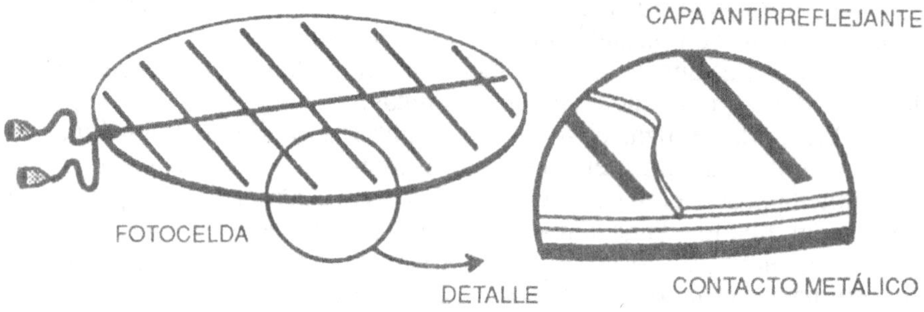

FIG. 2-VI. Características de la fotocélula solar.

na, como se observa en la figura 1-VI, el desequilibrio eléctrico genera una pequeña fuerza electromotriz o diferencia de potencial, que hace circular los electrones para igualar las cargas. Esta corriente eléctrica se genera en un proceso cíclico y constante, mientras actúe la acción de la luz sobre la fotocélula.

El tipo de corriente eléctrica producida es del *tipo continua* la misma que proporcionan las pilas o baterías.

El contacto sobre la cara que recibe la luz se ejecuta con finas líneas metálicas, para que cubran lo menos posible el cristal, recubriéndose además con una muy delgada capa transparente antirreflejante.

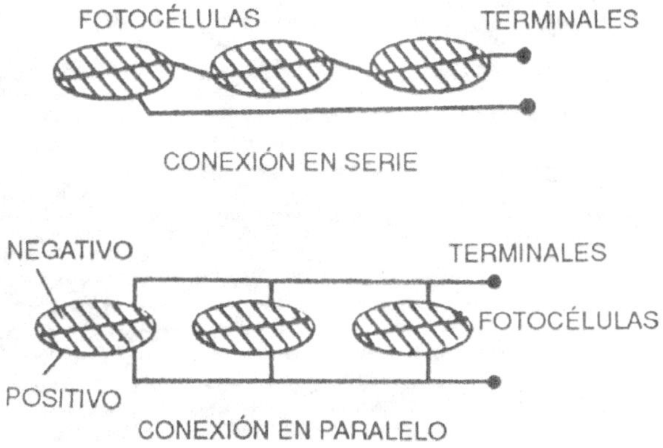

FIG. 3-VI. Conexión de fotocélulas en serie y paralelo.

El contacto de la cara inferior, por el contrario, esta constituido por una pequeña lámina metálica completa.

En la figura 2-VI se muestra un detalle de las características constructivas.

Las fotocélulas pueden conectarse entre sí, según se indica en la figura 3-VI de dos formas distintas:

- Serie.
- Paralelo.

En el caso de conectarse *en serie*, el voltaje de los contactos terminales, es la suma de los voltajes individuales de cada fotocélula, o sea que se obtiene un voltaje mayor que el que proporciona cada fotocélula individual.

Si las fotocélulas se conectan *en paralelo*, el voltaje se mantiene constante y es el mismo de cada una de ellas en forma individual.

Paneles fotovoltaicos

Para obtener la energía necesaria como para hacer funcionar los aparatos eléctricos de cierta potencia, es necesario conectar varias células entre sí, formando lo que se denomina *módulo de fotocélulas*, el que se diseña como para proporcionar una potencia máxima a un voltaje determinado.

La unión de varios módulos constituye un *panel fotovoltaico*, el cual es diseñado en función de la potencia necesaria para el consumo.

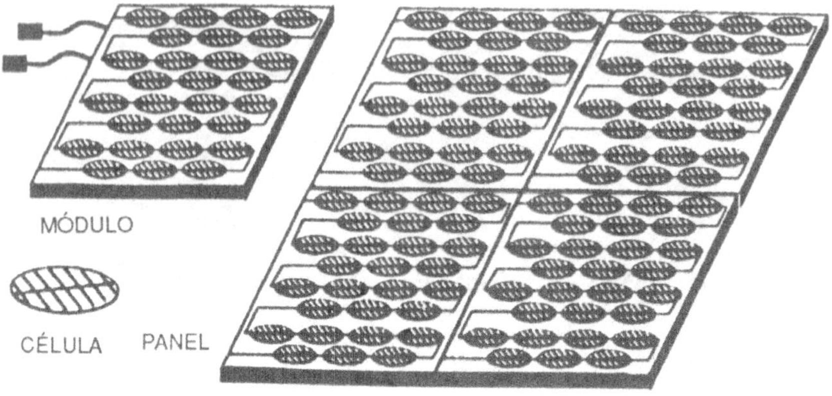

FIG. 4-VI. Características de los paneles fotovoltaicos.

En la figura 4-VI se indican las características de los elementos. En general los módulos se proyectan para un voltaje de alrededor de 12 volts.

El área necesaria del panel fotovoltaico para generar una determinada potencia eléctrica, va a depender de la *eficiencia* de las fotocélulas, o sea el porcentaje de energía solar que se transforma en energía eléctrica.

En celdas de silicio monocristalino se han medido eficiencias que varían según el diseño y calidad. En general para los casos comunes, puede considerarse esa eficiencia entre el 15 y 20 % aproximadamente.

Actualmente, se aplican celdas de silicio policristalino y se están empleando también celdas de silicio amorfo no cristalino.

Las monocristalinas están constituidas por un único cristal de silicio y manufacturado mediante un proceso especial. Las de policritalino comprenden un conjunto de cristales y son de un rendimiento algo inferior. Las de silicio amorfo son menos eficientes que las anteriores pero son menos costosas.

Para el proyecto del sistema debe tenerse en cuenta el *consumo diario* de modo que en los momentos que la energía eléctrica no es utilizada, pueda almacenarse en baterías para su aplicación durante las horas de la noche. O para permitir garantizar el funcionamiento en condiciones mínimas de asoleamiento.

Almacenamiento de la energía fotovoltaica

El aprovechamiento de la radiación solar está limitada a una serie de horas del día y su intensidad sujeta a variaciones.

Este hecho hace que la disponibilidad no coincida con la demanda. Además, la necesidad de energía eléctrica en invierno es mayor que verano, justamente cuando la radiación solar es menor. Por este motivo la mayoría de instalaciones de energía eléctrica proveniente de fuente fotovoltaica, cuentan con una provisión suplementaria de energía eléctrica convencional.

Si se desea que la instalación solar sea *autónoma* o independiente de la red de suministro, o eventualmente cuando no se cuente con dicha fuente, es preciso disponer de un elemento para *almacenaje* de la energía eléctrica.

Este almacenamiento se efectúa en baterías, utilizando un *regulador de carga*.

El regulador de carga es un elemento esencial en las unidades fotovoltaicas. Tanto la carga como la descarga excesiva dañan la batería y reducen considerablemente su vida útil. Las funciones básicas del regulador de carga son:

- Prevención de sobrecarga de la batería. Si los módulos solares suministran más corriente que la que puede absorber la batería, se reduce la corriente de carga.
- Prevención de exceso de descarga de la batería. Si el consumidor descarga la batería hasta alcanzar el límite prefijado, se desconecta la misma. La nueva conexión se produce automáticamente cuando la carga disminuye nuevamente por debajo de dicho límite.

En el esquema de la figura 5-VI se indica el procedimiento de captación y almacenaje.

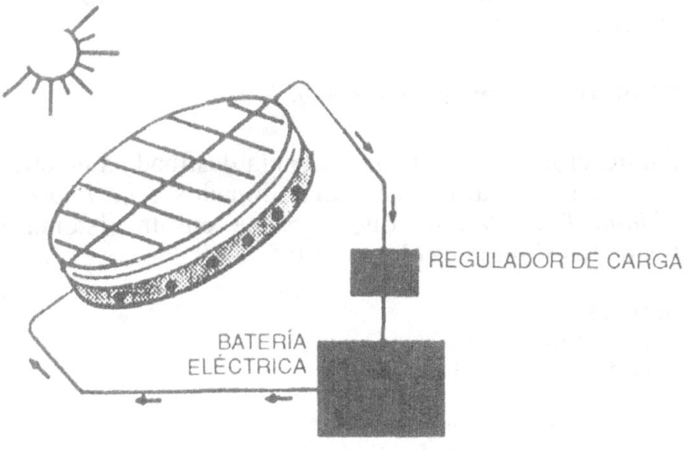

FIG. 5-VI. Captación y almacenaje de energía solar.

Las baterías más comunes son las recargables de plomo, y constituyen un procedimiento de almacenamiento de energía eléctrica adecuado para las aplicaciones fotovoltaicas.

La batería más conocida y empleada es la del tipo de arranque para automotores. Este tipo de baterías están diseñadas para tolerar descargas fuertes repetidas y de corta duración, pero no están muy cuidados los factores de eficiencia y si sufren grandes descargas, como podría suceder en un sistema fotovoltaico, se reduce la vida útil de las mismas.

Las baterías deben presentar las siguientes cualidades:

- Muy poca pérdida de carga cuando no se utilizan.
- Posibilidad de trabajo a alta o baja temperatura.
- Rendimiento elevado ante los ciclos de carga y descarga muy frecuentes.
- Larga vida útil.

Existen versiones de baterías diseñadas especialmente para aplicaciones solares, que tienen por objeto mejorar las características técnicas de las baterías de plomo convencionales.

El éxito del funcionamiento de los sistemas fotovoltaicos se basan en dos factores importantes:

- Capacidad de acumulación adecuada.
- Baterías elegidas de muy buena calidad.

Estos sistemas en general requieren una instalación adicional para convertir la corriente acumulada en baterías, del tipo continua en alterna para el consumo.

Generadores solares fotovoltaicos

Para aplicaciones de pequeña potencia destinada a electrificación de viviendas rurales se utilizan los denominados *generadores solares de electricidad fotovoltaicos* que consiste en un sistema integral compuestos de los siguientes elementos:

- Módulos fotovoltaicos
- Estructura soporte
- Regulador de carga de batería
- Tablero de distribución
- Cableado de distribución interno
- Batería de 12 volts, para almacenamiento de la energía eléctrica
- Inversor de corriente, cuando se quiere trabajar con corriente alterna.

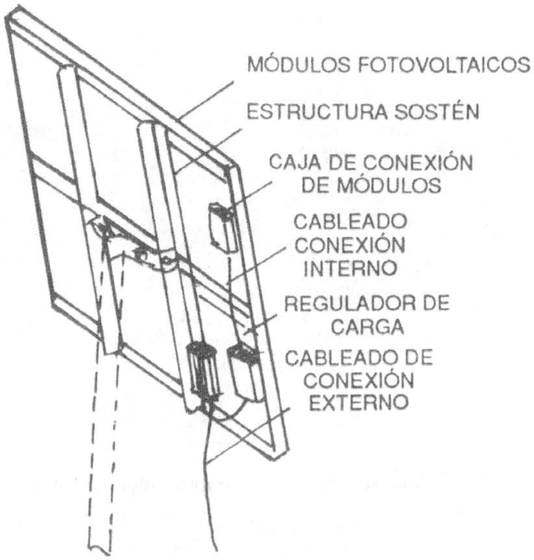

FIG. 6-VI. Panel de captación fotovoltaico.

En la figura 6-VI se detalla el montaje de un módulo fotovoltaico en la que se incluye el cableado, conexiones y regulador de carga.

Los generadores eléctricos fotovoltaicos por su construcción modular, se adaptan fácilmente a las necesidades energéticas, siendo muy simple de instalar.

Así, se pueden aplicar para un consumo determinado específicamente, por ejemplo en una primera etapa un sistema pequeño y luego ampliarlo con una mayor cantidad de elementos modulares.

Aplicación de instalaciones fotovoltaicas

Son muchísimas las aplicaciones de la energía solar mediante conversión eléctrica fotovoltaica. En la figura 7-VI se muestra la característica típica de una central eléctrica compuesta de paneles fotovoltaicos.

En general, los paneles se montan sobre elementos rastreadores, que se van orientando automáticamente en la dirección de máxima captación, comandados por computadoras.

Para el proyecto, es necesario disponer de zonas con gran asoleamiento y una superficie adecuada para su montaje.

En la figura 8-VI se detalla la característica del proceso de captación de una central fotovoltaica de 100 kW. Esta formada por 40 gru-

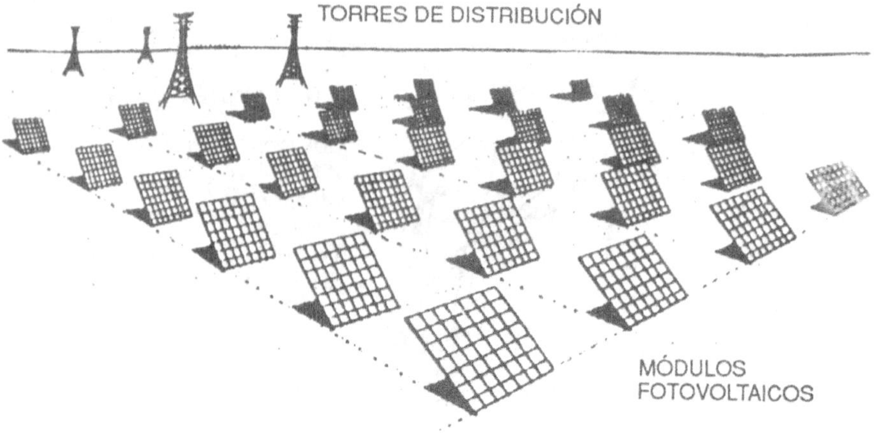

FIG. 7-VI. Detalle de una central eléctrica fotovoltaica.

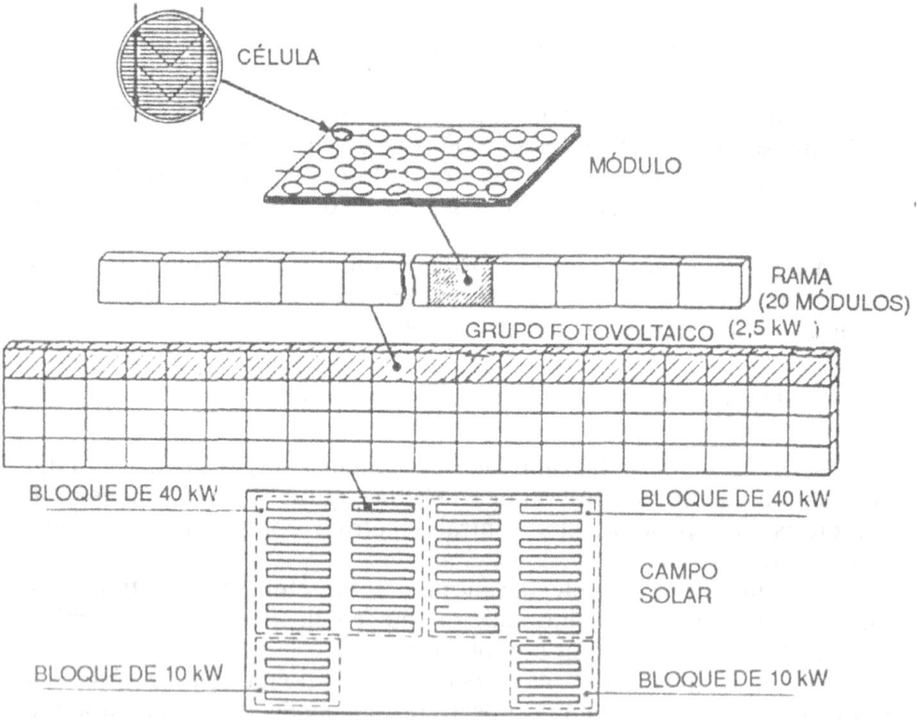

FIG. 8-VI. Proceso de captación de energía de una central eléctrica fotovoltaica.

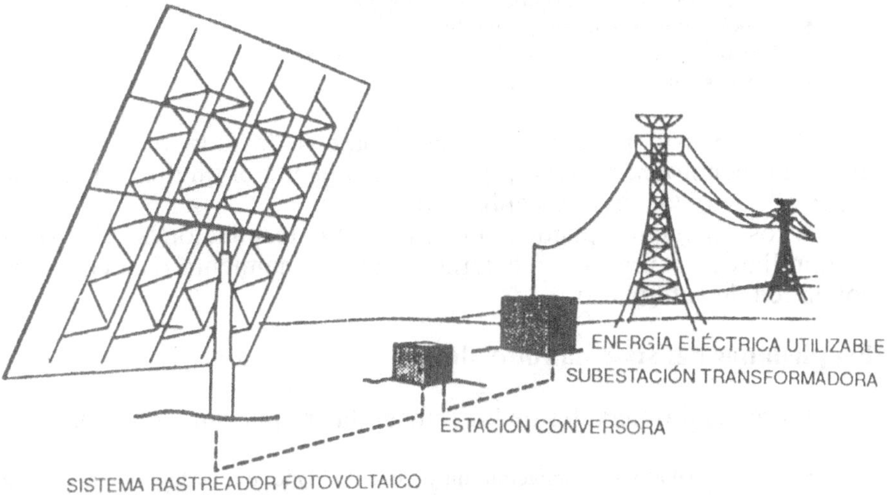

FIG. 9-VI. Esquema de montaje de una central eléctrica fotovoltaica.

pos fotovoltaicos de 2,5 kW cada uno, que se agrupan en 4 bloques: dos de 40 kW y dos de 10 kW.

Cada grupo fotovoltaico está constituido por cuatro ramas en paralelo, siendo cada rama un conjunto de 20 módulos fotovoltaicos conectados en serie, disponiendo de un armario de conexiones donde se instalan los circuitos y sensores necesarios para facilitar la operación del sistema de control centralizado.

Es necesario contar con una estación conversora para pasar de corriente continua en alterna y una estación transformadora para la elevación del voltaje, como se indica en la figura 9-VI.

Otra de las aplicaciones es en zonas rurales, donde no se cuente con una fuente convencional de energía eléctrica de red.

Puede utilizarse por ejemplo para el funcionamiento de bombas destinadas a la captación de agua, como se consigna en la figura 10-VI, que es de aplicación en lugares de poca densidad de vientos, en lugar de la energía eólica.

Entre las innumerables aplicaciones se pueden mencionar:

- Repetidores de televisión y microondas.
- Radioteléfonos y centrales telefónicas.
- Balizas y radiobalizas.
- Boyas marinas.
- Señales de tráfico en carreteras, trenes, etc.

- Protección catódica contra la corrosión de cañerías.
- Funcionamiento de relojes públicos.
- Electrificación de alambrados rurales (fig. 11-VI).
- Farolas solares (fig. 12-VI).

Por supuesto para aparatos electrónicos de todo tipo, hasta la moderna tecnología espacial, que fue justamente el que le dio el gran desarrollo para las diversas aplicaciones.

Estos sistemas pueden utilizarse en instalaciones eléctricas unifamiliares, recurriendo a baterías de almacenamiento o en conexión con la red de suministro.

Propiedades del sistema fotovoltaico

Entre las propiedades de las fotocélulas se pueden mencionar:

- Fácil traslado e instalación muy sencilla dado que esta compuesto por componentes modulares.
- No requieren mantenimiento durante su vida útil (se considera 20 años).
- Prácticamente no tienen desgaste dado que no poseen partes móviles.
- No son contaminantes del ambiente.
- Captan tanto la luz directa del sol como la difusa (reflejada en nubes o edificios).
- Se puede en forma sencilla ampliar la capacidad, agregándole módulos de paneles.

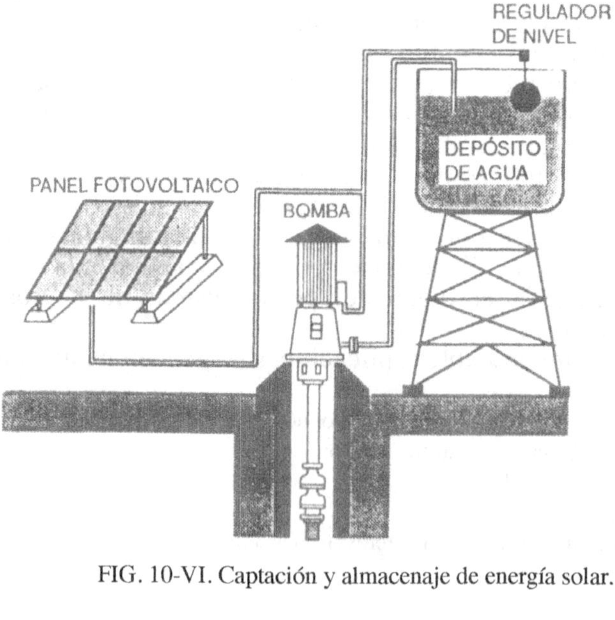

FIG. 10-VI. Captación y almacenaje de energía solar.

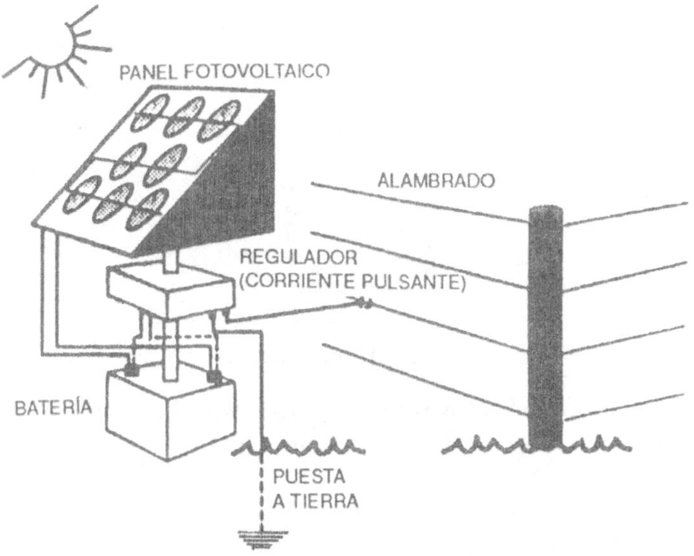

FIG. 11-VI. Elcctrificaci6n de alambrados rurales.

En la actualidad se llevan a cabo investigaciones y nuevos desarrollos tecnológicos para reducir costos, que se basan en:

- Aumento de la eficiencia de las células.
- Procesos mas simples de obtención de las células.

Cálculo de sistemas fotovoltaicos

Para el diseño de los paneles fotovoltaicos, es conveniente considerar la época de menos captación solar que es el del mes de junio en invierno, para nuestro hemisferio sur.

De ese modo, lo mismo que los colectores solares para calefacción o agua caliente solar, los paneles fotovoltaicos deben orientarse hacia el norte con una inclinación igual a la latitud del lugar + 10° tal cual se ha detallado en las figuras 13 y 14-III de la página 60.

La superficie de paneles fotovoltaicos depende del consumo previsto para satisfacer las necesidades diarias, por ejemplo en el caso de viviendas, los requerimientos para iluminación y uso de artefactos electrodomésticos.

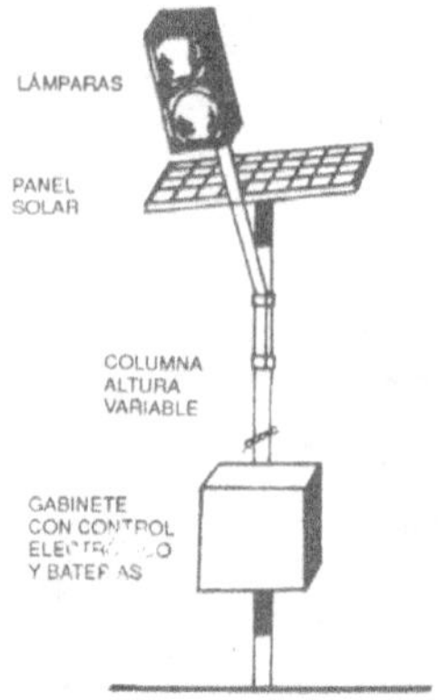

FIG. 12-VI. Farola solar.

El número de módulos fotovoltaicos a instalar puede establecerse en forma práctica con las formulas siguientes:

$$Ns = \frac{Vt}{Vn}$$

$$Np = \frac{Fs.\ Id}{T\ .\ Ip}$$

$$Nt = Ns \times Np$$

Donde:

Nt: número total de módulos a instalar.
Ns: número de módulos conectados en serie.
Np: número de módulos conectados en paralelo.
Vt: tensión de trabajo del sistema (Volts).
Vn: tensión nominal de diseño de los módulos fotovoltaicos (Volts).
Id: requerimiento diario de intensidad de corriente eléctrica (Ah/día).
Ip: intensidad suministrada por el módulo fotovoltaico en el punto de potencia pico, a una radiación solar de 1 kw/m^2.(A).
Fs: factor de seguridad del rendimiento del panel para tener en cuenta el envejecimiento y las perdidas debida al polvo y la suciedad. (Se estima generalmente 1,2).
T: tiempo de captación diario (h/día), a una radiación solar de 1 kw/m^2 (Cuadro 1-IV - Pág. 73).

La *capacidad de la batería* a instalar se determina con la fórmula:

$$C = Id.\ Au\ .\ Fu$$

Donde:

C: capacidad de las batería (Ah).
Id: intensidad de consumo diario (Ah/día).
Au: autonomía del sistema (se considera generalmente 5 días, dependiendo del tipo de instalación a ejecutar y del grado de seguridad requerida).

Fu: factor de utilización y seguridad. Puede adoptarse 1,6 considerando una profundidad de descarga de aproximadamente el 60%.

En base a dicha capacidad, con las tablas de los fabricantes, se diseña el tipo de baterías a instalar. En el caso de uso fotovoltaico debe considerarse la capacidad de las baterías para un tiempo de descarga de 100 horas.

La potencia eléctrica de consumo diario está en función del número, tipos de artefactos y de las horas de utilización durante el día, por lo que debe analizarse cada uno en particular.

Para reducir dicha potencia eléctrica con el objeto de no sobredimensionar la instalación, es conveniente adoptar artefactos de iluminación de bajo consumo y alta eficiencia, de la misma manera que los artefactos electrodomésticos.

La producción energética del generador para la época de verano es mayor, lo que permite la conexión de algún otro artefacto a la red.

Lo mismo que los colectores solares para calefacción o agua caliente, es necesario el almacenamiento de la energía eléctrica captada durante el día, a fin de trasladarla a las horas de la noche.

Para ello se emplean baterías de 12 Volts para almacenamiento.

EJEMPLO

Supóngase dimensionar una instalación generadora eléctrica con paneles fotovoltaicos, para un edificio de vivienda ubicada en una zona rural cercana a la Ciudad de Buenos Aires, cuya misión está destinada a los artefactos de iluminación y sólo a los aparatos, que se indican en la planilla de cálculo del cuadro 1-VI, que se instalan de acuerdo al esquema que se muestra en la figura 13-VI.

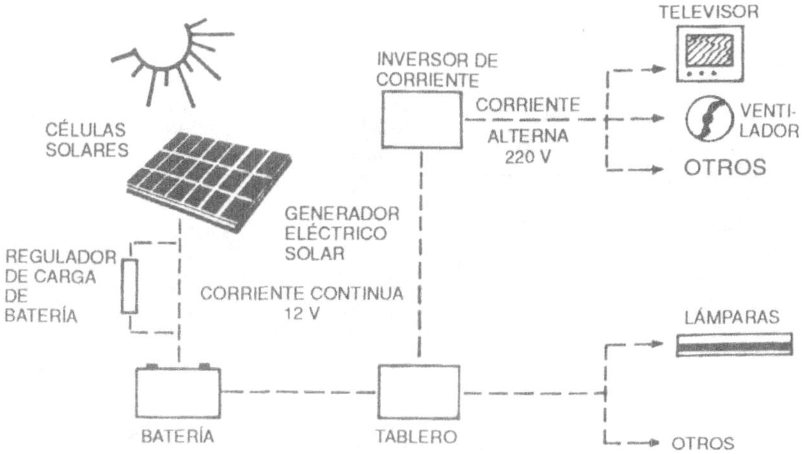

FIG. 13-VI. Esquema de montaje del generador eléctrico fotovoltaico.

Se han proyectado artefactos de iluminación de alto rendimiento y no se ha considerado el funcionamiento del ventilador de techo en la época invernal en que se realiza el cálculo. La heladera es del tipo a absorción no eléctrica. (Ver Capítulo VII. Refrigeración Solar)

Teniendo en cuenta que en corriente alterna hay pérdidas en el inversor de corriente, el cálculo debe efectuarse por separado según el tipo de corriente. El consumo diario en Watt/día surge de efectuar el producto de la cantidad de artefactos por el consumo horario en Watts, por el número de horas de funcionamiento.

CUADRO 1·VI.

PLANILLA DE CÁLCULO DEL CONSUMO ELÉCTRICO

— *Corriente alterna*

Artefacto	*Cantid. artefact. Nº*	*Consumo artefacto Watts*	*Horas de func. diario*	*Consumo diario Watts/d*
Televisor color (14")	1	100	2,5	250
Ventilador de techo	1	10	–	–
		Consumo diario		250 W/día

Debe considerarse un incremento del 15 % para tener en cuenta las pérdidas en el inversor de corriente continua en alterna.
Así:

$$250 \text{ W/d} \times 1{,}15 = 288 \text{ Watts/día}$$

— *Corriente continua*

Artefacto	*Cantid. artefact. Nº*	*Consumo artefacto Watts*	*Horas de func. diario*	*Consumo diario Watts/d*
Iluminación				
— Dormitorio	1	7	1	7
— Cocina	1	9	2	18
— Living comedor	2	9	3	54
— Baño	1	7	1	7
		Consumo diario		86 W/día

El consumo total diario para artefactos de corriente alterna y continua vale:

268 + 86 = 374 Watts/día.

La intensidad de corriente diaria Id vale:

$$Id = \frac{Wd}{Vn} = \frac{374}{12} = 31{,}2 \text{ Ah/día}$$

Se plantea el cálculo en base al empleo de un módulo fotovoltaico de silicio monocristalino, compuesto de 36 células solares, conexionados de modo de configurar un sistema para funcionar con una tensión nominal Vn de 12 volts.

Esta constituido por un marco de aluminio extruido y anodizado, con una dimensión de 1,30 x 0,33 m, proporcionando una *corriente pico de carga Ip de 3,05 Amper*, en condiciones de irradiación solar máxima de 1 kw/m^2, según datos del fabricante.

Para determinar el numero de módulos fotovoltaicos a instalar, se aplica la ecuación anterior, de modo que :

$$Ns = \frac{Vt}{Vn} = \frac{12}{12} = 1 \text{ módulo}$$

$$Np = \frac{Fs.\ Id}{T\ .\ Ip} = \frac{1{,}2 \times 31{,}2}{3{,}3 \times 3{,}05} = \sim 4 \text{ módulos}$$

$$Nt = Ns \times Np = 1 \times 4 = 4 \text{ módulos}$$

Donde:

Id= 31.2 Ah/día : Intensidad diaria, (Cuadro 1-VI).

T= 3,3 h/día : Ciudad de Buenos Aires, (Cuadro 1-IV -Pag.63)

Ip= 3,05 A : Datos del módulo fotovoltaico empleado.

De esa manera, el generador se construye con cuatro módulos fotovoltaicos conectados en paralelo.

La *orientación* del panel fotovoltaico por tratarse de Buenos Aires, debe ser hacia el norte con una inclinación con respecto a la horizontal de 45°.

La *capacidad de las baterías de acumulación* se calcula con la fórmula:

$$C = Id\ .\ Au\ .\ Fu = 31{,}2 \times 5 \times 1{,}6 = \sim 250 \text{ Ah}$$

Donde:

Id= 31,2 Ah/día : Intensidad diaria, (Cuadro 1-VI).

Au: Autonomía del sistema: 5 días.

Fu: Factor de utilización: 1,6.

De esa manera , se diseñan dos bancos de baterías con una capacidad de 125 Ah cada uno, en base a las tablas de performance de los fabricantes, considerando en las mismas un tiempo de descarga de 100 horas.

CAPÍTULO VII

REFRIGERACIÓN SOLAR

Sistemas utilizados

Los métodos utilizados generalmente para aprovechar el efecto solar en refrigeración, se pueden clasificar:

- Equipos convencionales con captación mediante paneles fotovoltaicos.
- Equipos de absorción, con captación mediante colectores solares.
- Equipos de enfriamiento natural.

Refrigeración mediante equipos convencionales

Uno de los sistemas más simples de producir refrigeración, es utilizar equipos convencionales de aire acondicionado, originando electricidad mediante paneles fotovoltaicos, o eventualmente energía eólica.

Este método es el más sencillo, pero como necesitan bastante potencia, requieren equipos de captación de dimensiones elevadas, lo que incrementa los costos de instalación.

El montaje y características de los paneles fotovoltaicos se ejecutan de acuerdo a lo explicado al tratar los sistemas de captación y producción de energía eléctrica, en el Capítulo VI.

El principio de los sistemas de aire acondicionados convencionales consiste en la realización de un proceso cíclico de transferencia de calor del interior de un edificio al exterior, mediante la evaporación de una substancia que se denomina *refrigerante*.

Esta substancia se encuentra en estado líquido a baja presión y temperatura, en un serpentín ubicado en contacto con el aire del interior del local, extrayendo calor al mismo.

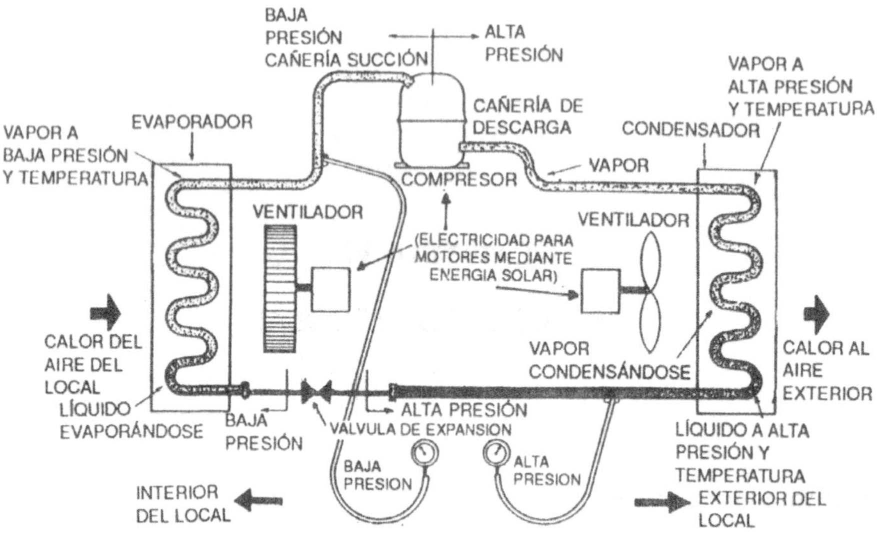

FIG. 1-VII. Esquema de funcionamiento de un sistema de refrigeración mecánica por compresión.

De esa manera, por efecto del calor del aire interior el refrigerante se evapora, pasando del estado líquido al de vapor, por lo que a dicho serpentín se lo denomina *evaporador*, como se indica en la figura 1-VII.

Al refrigerante en estado de vapor se lo succiona y comprime mediante un *compresor*, aumentando de esa manera la presión y temperatura del mismo y en ese estado se lo introduce en un serpentín exterior del local.

La temperatura del vapor debe ser superior al del aire exterior para permitir ceder el calor al mismo y de esa manera pasar del estado de vapor al líquido, o sea condensar. Por ello, al serpentín exterior se lo denomina *condensador*.

Luego el refrigerante en estado líquido a alta presión y temperatura vuelve al serpentín interior mediante un tubo capilar en equipos chicos o una válvula de expansión en equipos mayores, lo que provoca una brusca reducción de presión, originando cierta vaporización que reduce también la temperatura del líquido, reiniciándose de esa manera el ciclo.

En equipos de cierta envergadura se utiliza para el enfriamiento agua en vez del aire exterior, la que es enfriada mediante una torre de enfriamiento.

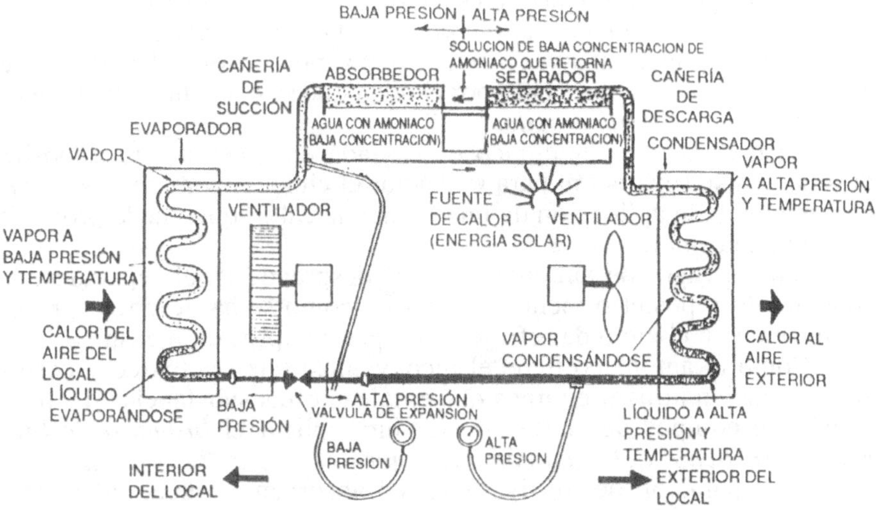

FIG . 2-VII. Esquema de funcionamiento de un sistema de refrigeración por absorción.

Refrigeración mediante equipos de absorción

La máquina de absorción consta de evaporador y condensador tal cual se describió para los sistemas de refrigeración mecánica. Difiere en la manera de transformador el vapor refrigerante a baja presión y temperatura procedente del evaporador en vapor a alta presión y temperatura, apto para pasar al condensador.

En la máquina de refrigeración mecánica por compresión, para lograr tal efecto se utiliza un compresor, mientras que en la de absorción se emplean un conjunto de elementos como se observa en la figura 2-VII, consistente básicamente en:

- Depósito de absorción o *absorbedor.*
- Depósito de separación o *separador.*
- Fuente de calor (energía solar).

La diferencia básica de este sistema consiste en que el vapor refrigerante no es aspirado mecánicamente por un compresor, sino que es *absorbido*, por una substancia absorbente, de allí el nombre de este sistema.

En efecto, hay ciertas substancias que tienen avidez entre sí, o sea que tienen la propiedad de absorber a otras. Por ejemplo el agua tiene avidez por el amoníaco, en estado de vapor, utilizándose entonces *el agua como absorbente y el amoníaco como refrigerante.*

De esta manera una vez producida la vaporización del refrigerante en el evaporador, es absorbido por el agua que se encuentra en el depósito de absorción o *absorbedor.*

La mezcla agua-amoníaco es enviada entonces a otro depósito destinado a su separación para regenerar el ciclo, denominado *separador*, mediante la aplicación de una fuente de calor, que puede provenir de la energía solar.

Así, el vapor de amoníaco que se desprende en el separador, es condensado y posteriormente evaporado, como se ha descripto precedentemente en el ciclo de refrigeración por compresión mecánica.

Como el amoníaco tiene el inconveniente de ser tóxico y corrosivo, se suelen utilizar equipos que emplean otras substancias. Es muy común en equipos de cierta envergadura aplicar el *bromuro de litio como absorbente y el agua como refrigerante.*

La separación del refrigerante del absorbente, puede efectuarse aplicando lo sistemas de captación solar, mediante dos formas:

- Directa.
- Indirecta.

SISTEMAS DE SEPARACIÓN DIRECTA

En el esquema de la figura 3-VII, se muestra el funcionamiento de un equipo de refrigeración solar doméstico, en que la separación por calentamiento de la solución amoníaco-agua, efectúa directamente en el colector solar, actuando el mismo como *separador.*

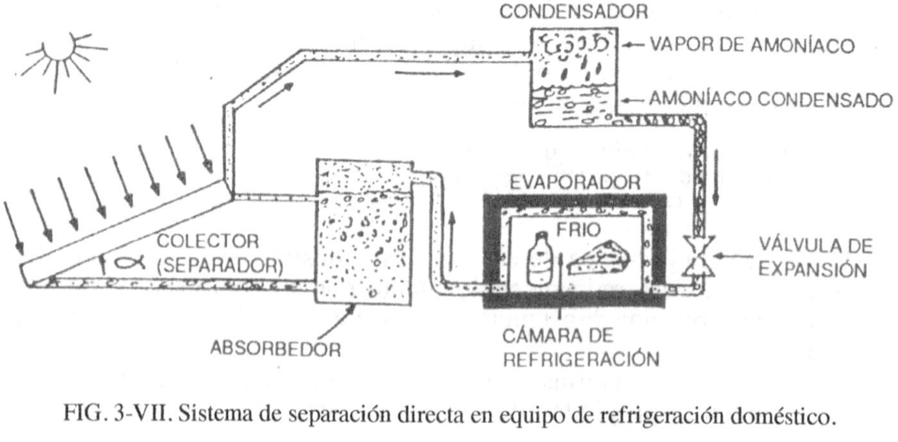

FIG. 3-VII. Sistema de separación directa en equipo de refrigeración doméstico.

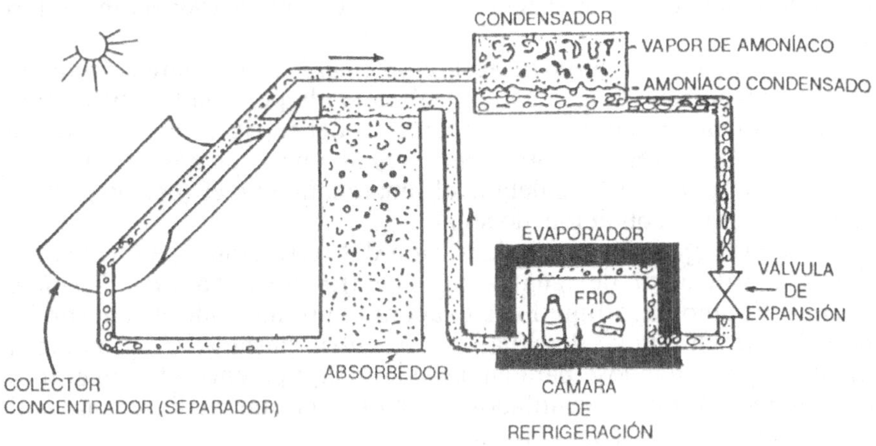

FIG, 4-VII. Sistema de separación directa en refrigeración industrial.

La orientación del colector debe ser hacia el norte, con una inclinación igual a la latitud del lugar menos 20°, como se ha indicado en la figura 13 y 15-III anteriores.

Los colectores planos necesitan un tratamiento especial para aumentar su eficiencia, dado que se opera con temperaturas del orden de 80 a 90 °C.

En los sistemas que se requieren potencias mayores, se sustituye el colector plano por *colectores de vacío o del tipo concentración*, a fin de obtener un mayor rendimiento de los equipos, en virtud de lograrse mayores temperaturas.

En el detalle de la figura 4-VII se indica el funcionamiento de un equipo de refrigeración del tipo industrial, en la que se emplean colectores de concentración, lo que permite la separación de mayor cantidad de amoníaco en el tiempo, comparado con el caso anterior.

SISTEMA DE SEPARACIÓN INDIRECTA

Estos sistemas se emplean generalmente para instalaciones de aire acondicionado, en los que para mantener los requisitos de enfriamiento en los períodos que no se cuenta con la suficiente energía solar, se calienta agua en el colector y se acumula en un tanque de almacenamiento.

Dicho tanque actúa como compensador en los casos de días nublados, u horas de la noche, pero si la captación solar es deficiente en períodos prolongados, debe utilizarse una caldera de reserva accionada eléctricamente o generalmente a gas natural o combustible líquido. También puede emplearse una fuente no convencional como el biogás.

Por lo tanto el equipo de absorción cuando se requiere enfriamiento en el local, recibe agua caliente alimentada por una bomba circuladora, produciendo entonces la separación del refrigerante o sea que el calor solar se entrega en forma *indirecta* al equipo de absorción.

En la figura 5-VII se detalla el funcionamiento esquemático de un sistema de aire acondicionado solar.

En este ejemplo, la condensación del refrigerante se efectúa mediante la utilización de agua, la que es enfriada en una *torre de enfriamiento*. El amoníaco líquido es evaporado produciendo una absorción de calor de un tanque de agua, que se enfría hasta 7 °C aproximadamente, aprovechándose para enviarla a un equipo enfriador en el local denominado *fan-coil* (ventilador-serpentín), el que mediante un ventilador recircula el aire en el local.

Para el funcionamiento de las bombas circuladoras y ventiladores que se requieren en el sistema, puede utilizarse energía eléctrica convencional o producida eventualmente por paneles fotovoltaicos o generadores eólicos.

Refrigeración natural

El enfriamiento natural del aire interior de un local, puede lograrse mediante la utilización del aire fresco nocturno.

De esa manera el calor que se produce en el local, se acumula en un tanque de almacenamiento con agua y se disipa al exterior durante la noche.

Este sistema de acondicionamiento natural es interesante cuando se presentan diferencias de temperaturas muy acentuadas entre el día y la noche, como es el caso de climas de tipo continental que se producen en la zona noroeste y sur de nuestro país.

En la figura 6-VII se muestra un proceso elemental de funcionamiento del sistema.

El principio en que se basa, es la diferencia de pesos específicos del agua a diferentes temperaturas.

El agua más caliente es más liviana que la fría, originándose un proceso de convección natural, en la que el agua caliente tiende a subir ocupando las zonas altas en el medio de almacenamiento y la fría las zonas bajas. A este efecto se denomina *termosifón* de acuerdo a lo visto precedentemente.

Así, el agua está fresca durante el día en el serpentín interior, lo que provoca el enfriamiento del aire del local, el que circula también por convección natural a través del mismo.

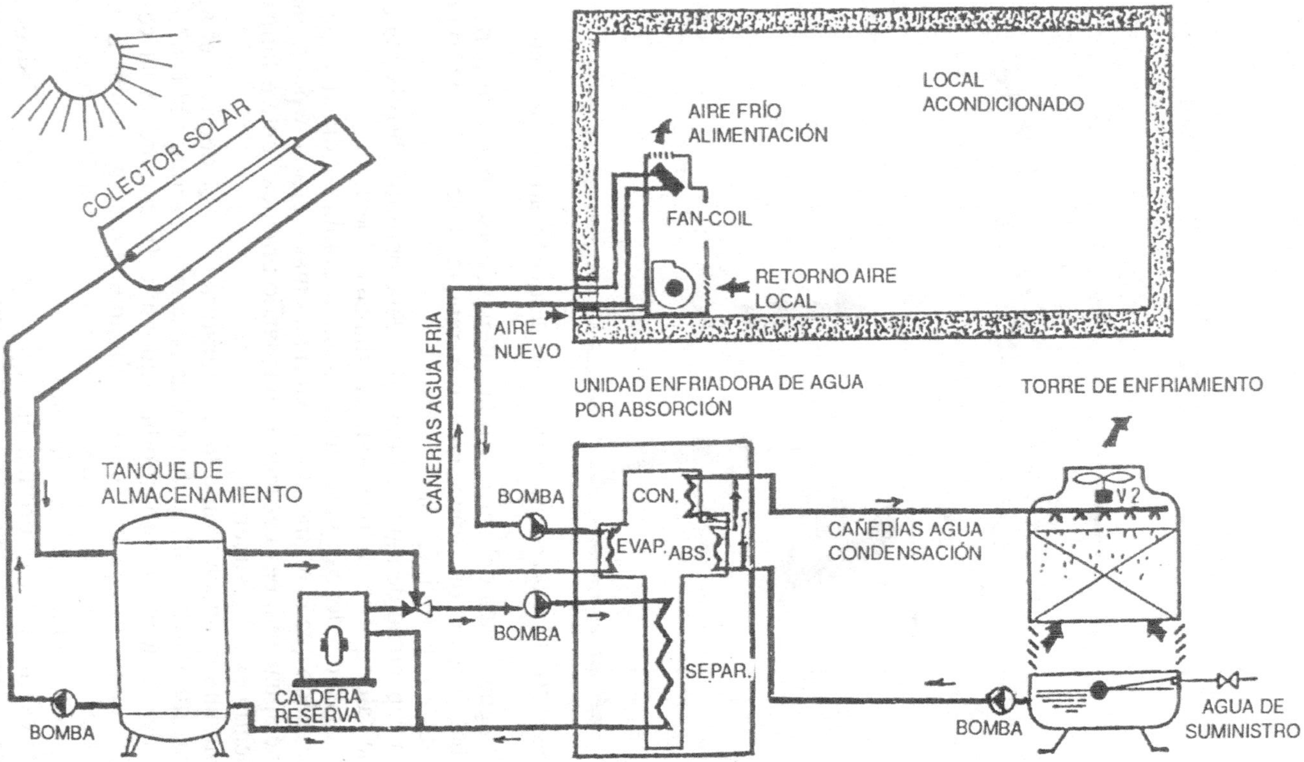

FIG. 5-VII. Sistema de separación indirecta con enfriadora de agua par absorción, para aire acondicionado.

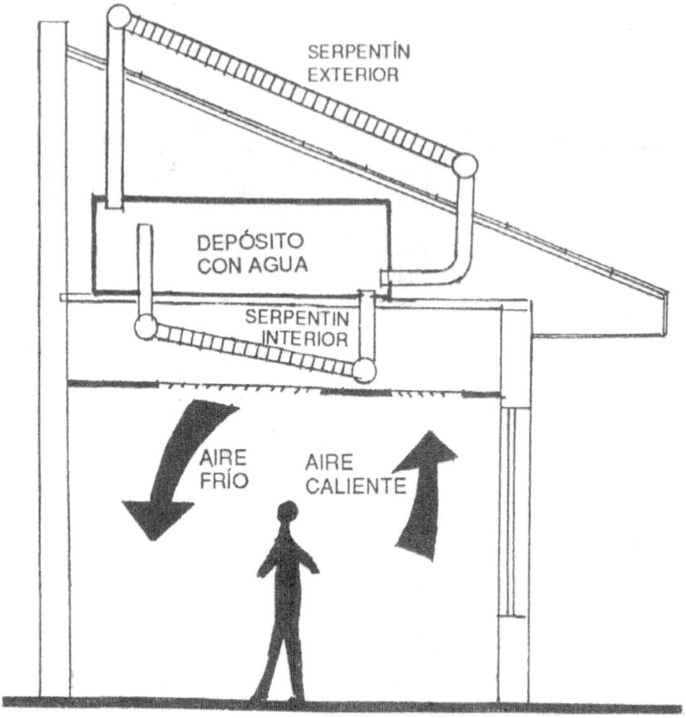

FIG. 6-VII. Funcionamiento de un sistema de acondicionamiento natural.

El agua fresca del serpentín al calentarse asciende a la parte superior del depósito de almacenamiento, renovándose con agua fría que proviene de la parte inferior.

La capacidad de agua del depósito debe permitir absorber la cantidad de calor que se disipa durante el día en el local.

El agua del depósito no puede ascender durante el día al serpentín exterior, dado que la temperatura externa es más elevada, y por lo tanto contiene agua cuyo peso es menor, quedando prácticamente estática en el serpentín exterior superior.

Durante la noche, como la temperatura exterior decrece, el agua del serpentín ubicado allí se hace más pesada y desciende al fondo del tanque de almacenamiento, produciendo su enfriamiento. A su vez el agua del tanque que se ha calentado durante el día, al ser más liviana tiende a elevarse reemplazando de esa forma el agua del serpentín exterior, produciéndose su enfriamiento.

De esa manera, se origina un proceso permanente y cíclico, llevándose el agua del depósito a las mismas condiciones de frescura cuando vuelve a comenzar el calentamiento solar durante las horas del día.

En realidad, el sistema descripto constituye un sistema de *acondicionamiento pasivo*, en la que no se requieren partes móviles.

El equipo sin embargo puede incrementar su transferencia de calor, por ejemplo, colocando en el local un ventilador de techo.

En climas muy fríos debe preverse el congelamiento del agua incorporando substancias anticongelantes a la misma.

Existen en plaza equipos de enfriamiento natural más sofisticados, en la que el medio de almacenamiento se *solidifica* durante la noche cuando la temperatura exterior es baja y se *funde* durante el día en la que la misma es alta. O sea se aprovechan los calores latentes de fusión de las substancias, empleándose para ello substancias refrigerantes adecuadas, a fin de lograr una mayor eficiencia térmica.

Instalaciones de calefacción por bomba de calor por captación de energía solar

Una instalación de refrigeración de acuerdo a lo visto precedentemente, consiste en un sistema que absorbe calor de un medio de baja temperatura para bombearlo a otro de temperatura superior. Por ello a las instalaciones frigoríficas se las denomina sistemas de *bomba de calor.*

Dicho sistema puede emplearse en la temporada de invierno, cambiando las funciones del equipo mediante el empleo de una *válvula inversora de ciclo* que invierta las funciones de los serpentines de los equipos.

Así el serpentín exterior se transforma en evaporador extrayendo calor del aire exterior (la temperatura del evaporador debe encontrarse mas baja que el aire exterior para que ella suceda) y el serpentín interior se convierte en condensador, donde se descarga el calor absorbido en el local.

En la figura 7-VII se muestra como actúa la válvula inversora según sea invierno o verano.

Es una válvula del tipo *corredera* hermética y el control lo realiza una válvula solenoide piloto que forma parte integrante del conjunto.

En el ciclo de enfriamiento, el solenoide no esta energizado, con la corredera ubicado a la izquierda. De esta manera el refrigerante cumple el ciclo normal de refrigeración. Al pasar al ciclo de bomba de calor, el solenoide se energiza cambiando entonces la posición de la corredera hacia la derecha. En esta posición el refrigerante circula

CICLO DE ENFRIAMIENTO

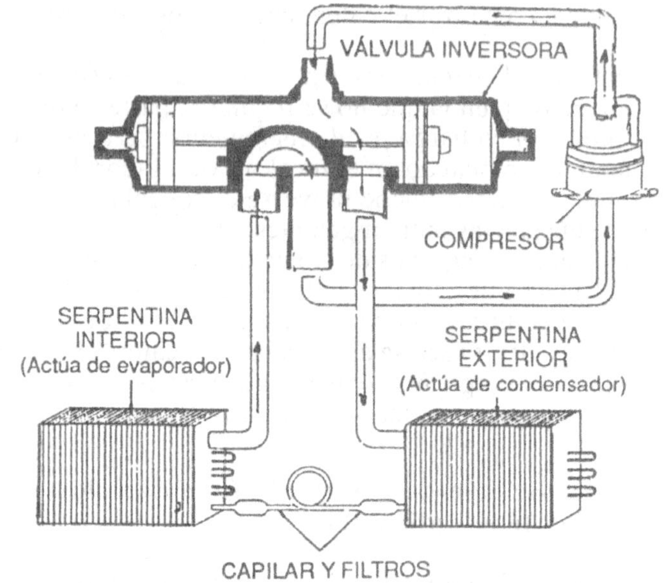

CICLO DE CALEFACCIÓN

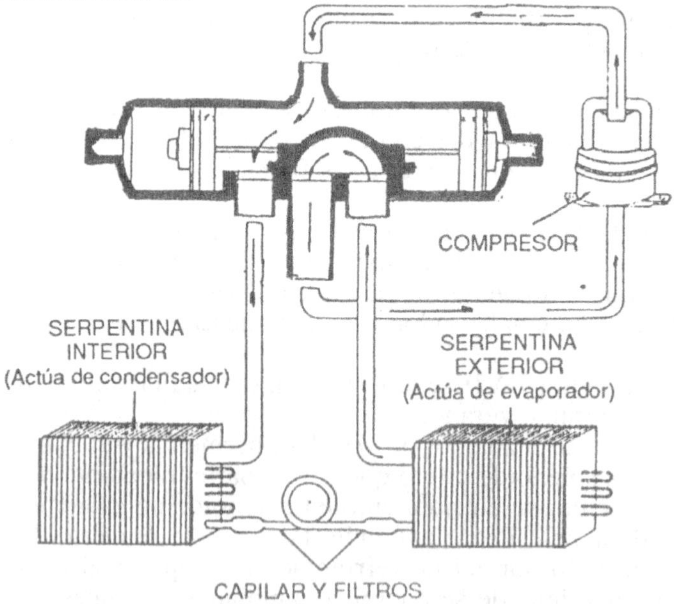

FIG. 7-VII. Funcionamiento de la válvula inversora.

según un nuevo recorrido, invirtiendo las funciones de las serpentinas del condensador y del evaporador (ver fig. l-VII anterior).

La ventaja de la bomba de calor, es que se obtiene un rendimiento de 2 a 2,5 veces el calor que se lograría con una resistencia eléctrica, dado que la energía eléctrica solamente se consume en el accionamiento del compresor y ventilador, para producir el *transporte* de calor de la fuente de baja a la de alta temperatura.

En la figura 8-VII se detalla el funcionamiento de una bomba de calor en el ciclo de refrigeración y calefacción.

El problema de estos equipos en los casos de aplicarse para el ciclo de calefacción, reside que en los días muy fríos baja notablemente el rendimiento, dado que disminuye la diferencia de temperatura con el serpentín exterior o evaporador, a la vez que aumentan las necesidades de calor en los ambientes.

Por otra parte aparece el problema de la formación de hielo sobre el serpentín exterior pudiendo quedar bloqueado impidiendo el pasaje del aire.

Dichos inconvenientes se solucionan utilizando un sistema de captación solar como el indicado en la figura 9-VII, por la cual se calienta agua que cede su calor al evaporador del equipo de refrigeración.

El tanque de acumulación de agua caliente se lo diseña de la capacidad necesaria para suministrar calor durante las horas de la noche y en aquellos casos en que no se dispone de energía solar, como por ejemplo los días nublados.

De esa manera, se logra además de un mayor rendimiento, una gran estabilidad o constancia de funcionamiento, sin el inconveniente de congelamiento del serpentín exterior.

Por supuesto que este equipo se utiliza para refrigeración en la época de verano invirtiendo el ciclo refrigerante, de acuerdo a lo ya indicado, produciendo el enfriamiento del agua del tanque, por ejemplo, utilizando una torre de enfriamiento.

Tipos de bomba de calor

Según las formas de captación del calor los sistemas se pueden clasificar de la siguiente manera:

- Aire-Aire.
- Agua-Aire.
- Aire-Agua.
- Agua-Agua.
- Tierra-Agua.

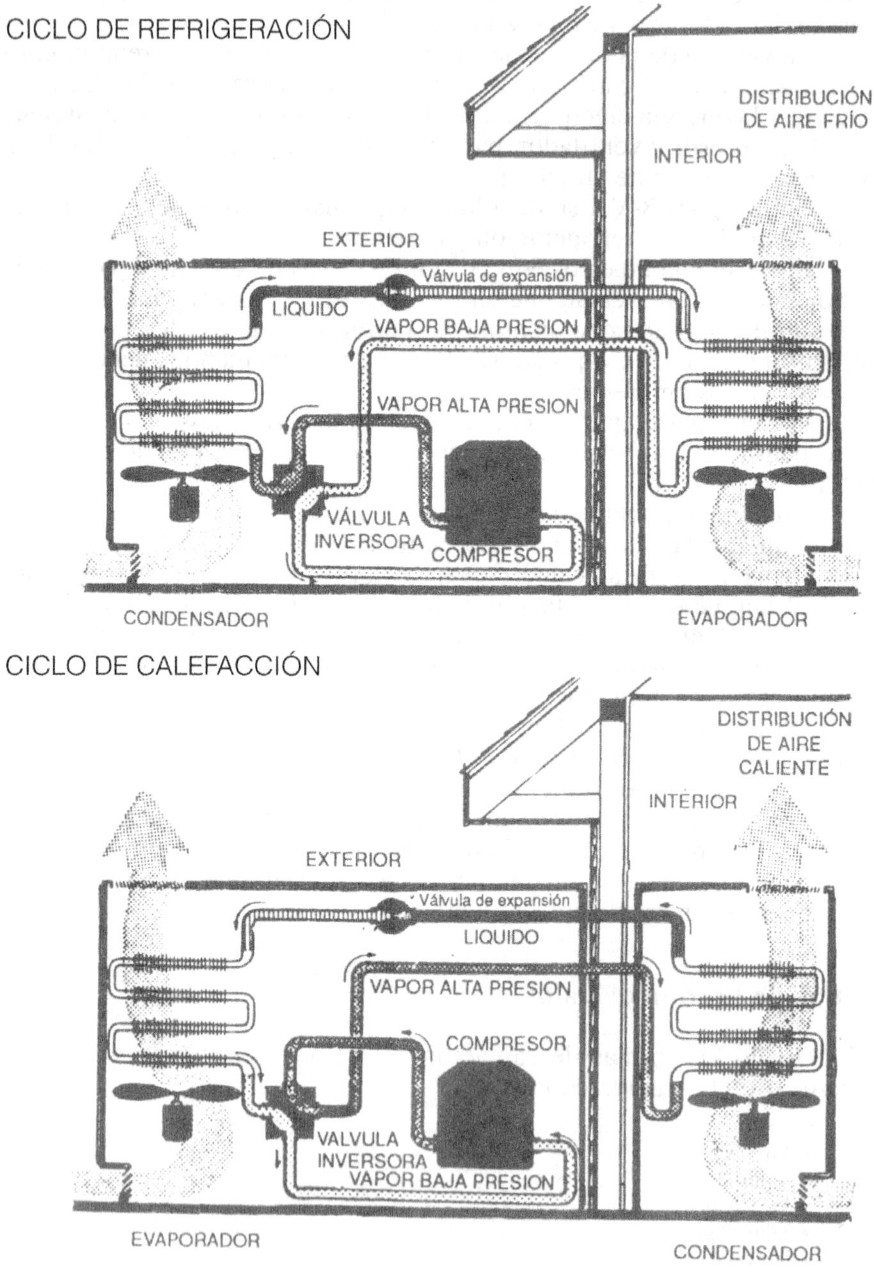

FIG. 8-VII. Esquema de funcionamiento de la bomba de calor.

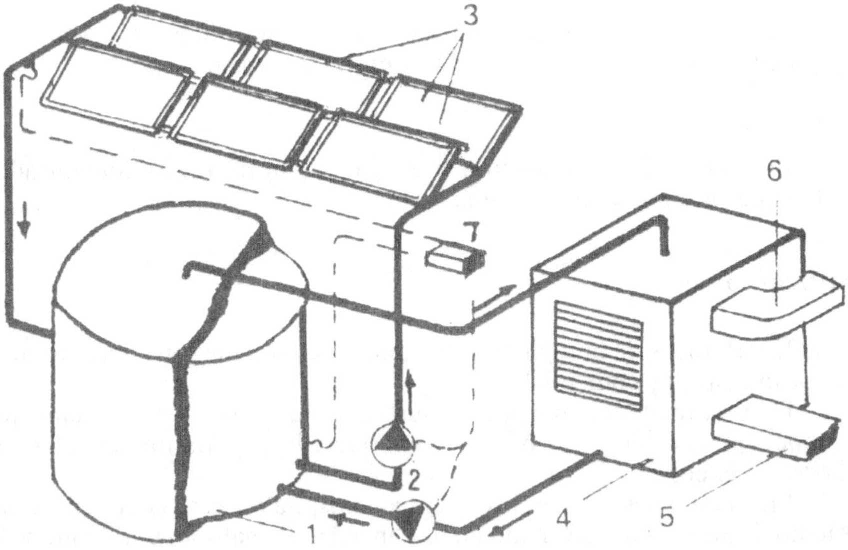

Referencias

1. Tanque almacenamiento.
2. Bombas circuladoras.
3. Captadores solares.
4. Equipo.
5. Conducto retorno.
6. Alimentación de aire caliente.
7. Panel control.

FIG. 9-VII. Sistema de bomba de calor con energía solar para refrigeración y calefacción.

Aire-Aire

Es el tipo más difundido hoy en día. El evaporador toma calor del aire exterior. El condensador cede el calor al aire del local a calefacciones. Adecuada para calefacción, se aplica en acondicionadores individuales y compactos (fig. 8-VII)

Agua-Aire

El evaporador toma el calor del agua, que a su vez puede ser de un tanque de almacenamiento, una capa subterránea, un lago, etc. El condensador cede el calor al aire ambiente. Es adecuada para calefacción y puede complementarse con la energía solar (fig. 9-VII)

Aire-Agua

El evaporador toma calor del aire exterior y el condensador lo cede a una masa de agua, destinada a calefacción o agua caliente doméstica.

Agua-Agua

El calor se toma de una masa de agua y se cede a otra. Aplicable en procesos de transferencia de calor en la industria.

Tierra-Agua

El evaporador, enterrado, toma calor de la tierra. El condensador cede el calor a una masa de agua.

Aplicaciones

Las técnicas de bomba de calor están plenamente introducidas en el sector industrial y comercial.

De una manera general, la industria trata de *recuperar el calor* que produce en sus diferentes procesos, ya que ello supone un considerable ahorro de energía.

En los hoteles, comercios, oficinas, hospitales, etc., el acondicionamiento de aire se ha convertido en una instalación natural, por lo que se lo aprovecha para calefacción revirtiendo el ciclo frigorífico.

En el sector doméstico la instalación de bomba de calor para producción de agua caliente y calefacción resulta cada vez mas rentable, ante el hecho irreversible de la creciente escasez de combustibles convencionales.

Capítulo VIII

APLICACIONES DE LA ENERGÍA SOLAR INVERNADEROS - DESTILACIÓN

Invernaderos

Los invernaderos que se destinan al uso de la agricultura, consisten en recintos construidos en algún material transparente a la luz solar, como vidrio, acrílico, plástico y otros, de manera de permitir el paso a través de sus paredes y techos.

Esa captación de calor mediante este procedimiento, permite el mejor desarrollo de las plantas aprovechando justamente el denominado *efecto invernadero*, de acuerdo a lo explicado en el Capítulo I.

En dicho recinto entonces, la luz solar penetra igual que en los objetos exteriores, pero éstos pierden fácilmente el calor que absorben dado que lo irradian al medio. En el invernadero por el contrario el calor absorbido y nuevamente irradiado no puede volver a salir debido a la propiedad del vidrio de no dejar pasar estas radiaciones, lo que produce una acumulación del mismo en el interior.

De esa manera, se aprovecha la luz solar para producir la trasformación de bióxido de carbono en oxígeno y el agua en alimentos en el proceso de *fotosíntesis*, y por otra parte, permite mantener el clima apropiado dentro del local debido a la acumulación de calor por el efecto invernadero.

En la figura l-VIII se muestra un invernadero a utilizar en zonas climática muy variables entre el día y la noche. Cuando no se requiere un gran calentamiento esta constituido por varillas metálicas de hierro o aluminio, con cubiertas transparente incolora de cualquiera de los materiales indicados precedentemente.

Los soportes deben tener la altura necesaria como para no estorbar el crecimiento del cultivo. Debe mencionarse que la altura juega

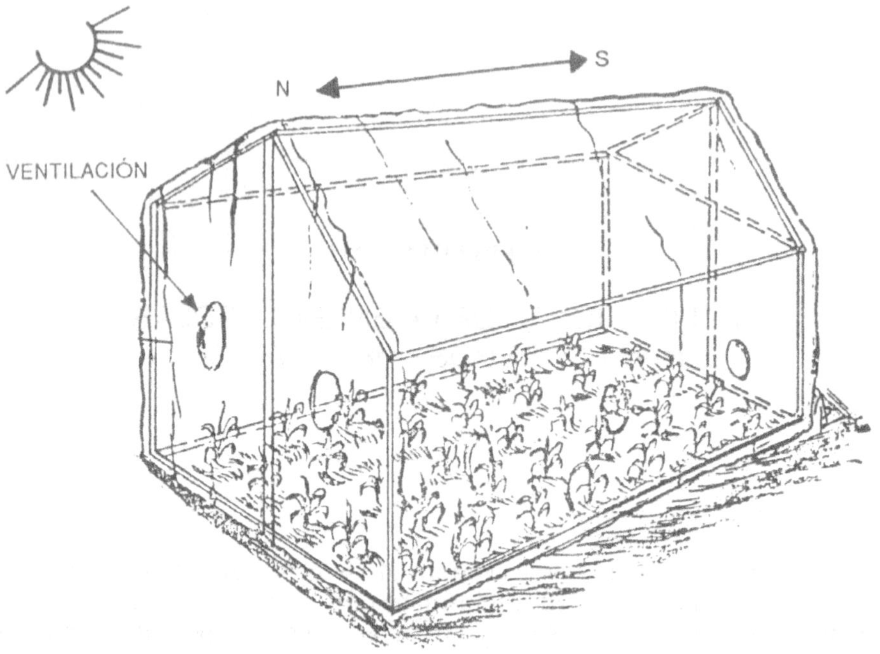

FIG. 1-VIII. Invernadero.

un papel importante en la temperatura interior, dado que si el techo es más elevado el ambiente será más fresco.

Por otra parte, siempre se requiere *la ventilación* de un invernadero para que el aire se renueve y se pueda controlar adecuadamente la temperatura interior.

Para ello se utilizan aberturas o persianas regulables en las paredes laterales o techos.

La *orientación del invernadero*, independientemente de su forma y tamaño, debe ser de norte a sur.

Cuando la temperatura de un lugar es muy elevada y se desee evitar un excesivo calentamiento en el interior del invernadero, se debe proteger el techo de modo que permita la entrada de luz suficiente para que los cultivos crezcan adecuadamente, evitando se eleve excesivamente la temperatura.

Por ejemplo, lona, plásticos de color, tablas ligeras, etc. Los surcos, cajas o hileras según el cultivo a desarrollar deben estar orientados en la misma forma que el invernadero o sea de norte a sur, a fin de obtener la mejor insolación posible dejando por supuesto, los espacios

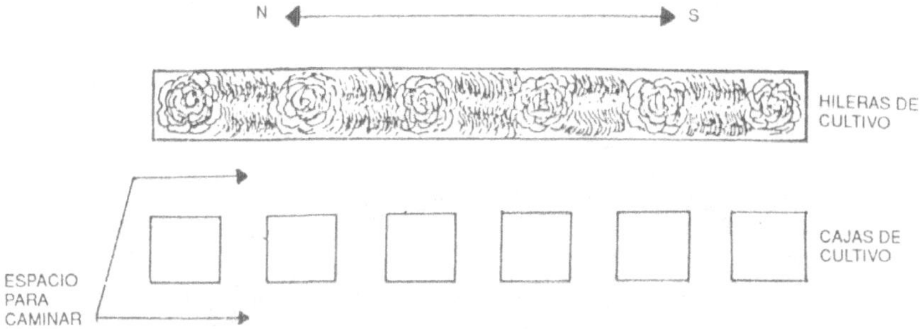

FIG. 2-VIII. Forma de cultivo.

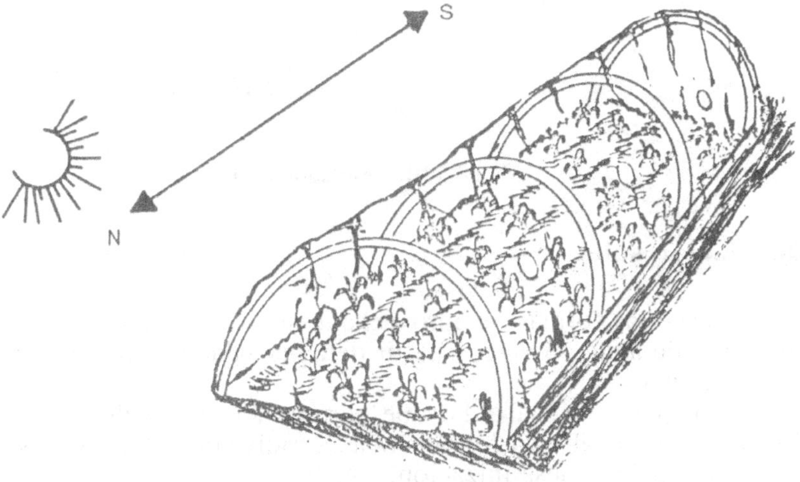

FIG. 3-VIII. Orientación del invernadero.

necesarios para una adecuada atención y mantenimiento de las plantas, según se indica en la figura 2-VIII.

En general el riego de las plantas pueden hacerse con menor frecuencia ya que el agua evaporada por las mismas es retenida por la cobertura del invernadero, lo que tiende a humedecer el ambiente, y por la noche cuando se enfría, se produce la condensación cayendo en forma de gotas sobre el cultivo.

Otro tipo de invernadero es el del *tipo túnel*, que se señala en la figura 3-VIII.

Dicho invernadero es constituido en los mismos materiales del indicado precedentemente y debido a su forma recibe más radiación solar en su interior que el modelo anterior.

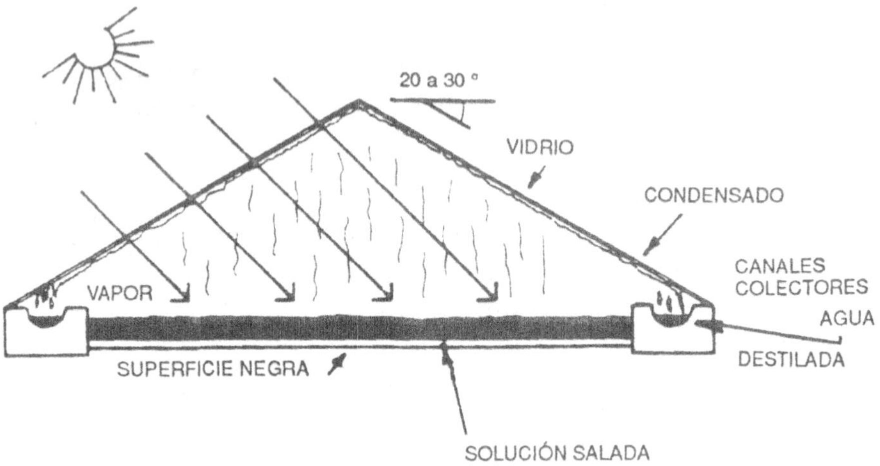

FIG. 4-VIII. Destilador solar.

Destilación solar

Una de las formas de aprovechamiento de la energía solar, es la obtención de agua potable, a partir de agua salada, como por ejemplo el agua de mar.

El dispositivo o aparato que permite su aprovechamiento es el *destilador solar*, el cual logra captar la radiación solar para evaporar agua y producir su desalinización.

El procedimiento es muy sencillo y se describe en la figura 4-VIII.

Los rayos solares penetran a través de la cubierta transparente inclinada y son absorbidos por el agua salada que esta ocupando un recipiente de color negro.

Dicha agua se calienta y se activa el proceso de vaporización de la misma en el recipiente. El vapor que es más liviano que el aire tiende a ascender por convección natural y al llegar a la superficie interior de la cubierta transparente forma una película sobre ella, produciéndose su condensación debido a que se encuentra más fría. Esa agua condensada se desliza debido a la inclinación de la cubierta transparente y es recogida en canales colectores diseñados especialmente al efecto.

El recipiente que contiene la solución debe ser resistente a la corrosión, pudiendo utilizarse plástico reforzado. En cuanto a la cubierta transparente puede emplearse plástico o generalmente vidrio.

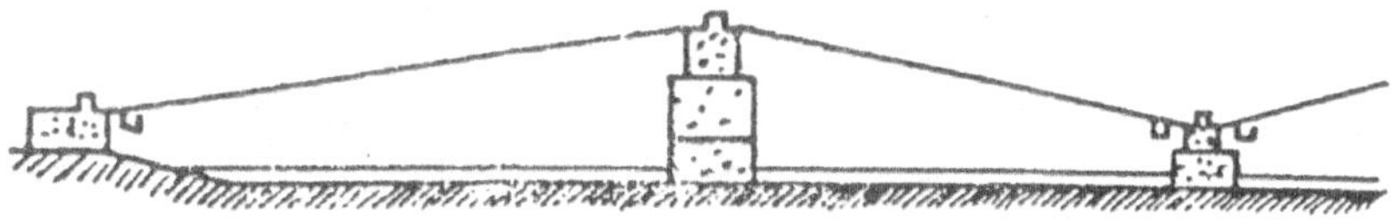

PANALES DE VIDRIO CONTINUO SOBRE UN RECIPIENTE

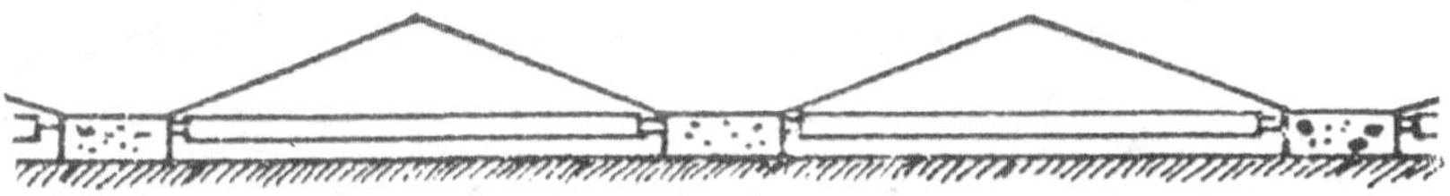

TECHO DE VIDRIO A DOS AGUAS

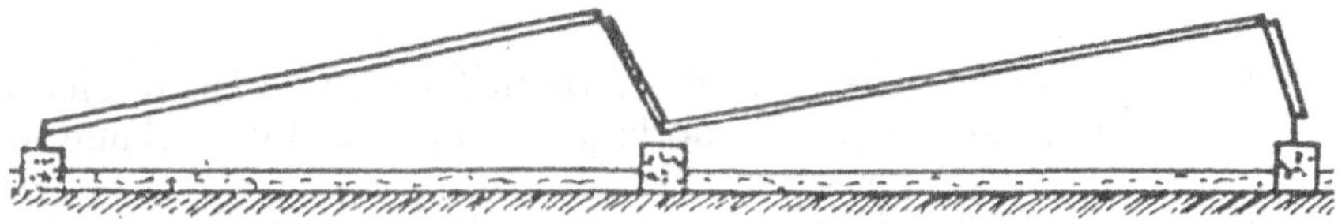

TECHO "DIENTE DE SIERRA"

FIG. 5-VIII. Tipo de destiladores.

Para que el destilador funcione correctamente debe ser orientado de modo que capte permanentemente la luz del sol.

Para un mejor rendimiento debe buscarse que el vapor se condense en forma de película, y no en forma de gotas que volverán a caer al recipiente con agua salada. La inclinación ideal es de 20 a 30°.

Por otra parte la superficie del vidrio debe colocarse cerca del recipiente con agua salada, para evitar que los colectores o canales que también evaporan lo hagan al mínimo posible porque se trata de agua potable.

En general los distintos tipos de destiladores se diferencian de acuerdo a la forma de la cubierta, algunas de las cuales se indican en la figura 5-VIII.

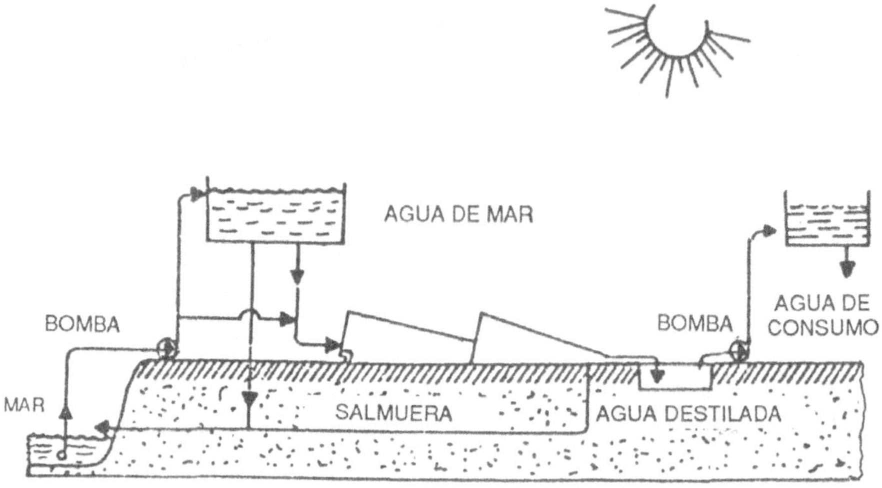

FIG. 6-VIII. Instalación de destilación solar.

El destilador en general se rodea de tierra a fin de aprovechar al máximo el calor captado, haciendo la tierra o la arena de aislante térmico.

Para lograr las cantidades de agua potable que requiere una población rural o pesquera pequeña, se instalan varios destiladores en serie.

La elección del destilador a emplear depende del rendimiento que se quiera obtener, las facilidades zonales para la construcción e instalación del mismo.

Deben diseñarse de modo que el mantenimiento sea sumamente sencillo permitiendo su limpieza manual, ya sea de la parte transparente como el recipiente o colectores respectivos.

En la figura 6-VIII se indican las conexiones básicas del destilador.

Consisten en la alimentación de agua salada al recipiente del destilador, la descarga del agua potable condensada y en el fondo del recipiente una salida de agua remanente, conexiones que generalmente se ejecutan en caños de PVC.

Las bombas pueden ser eléctricas siendo el único aporte de energía para la destilación, pero también pueden utilizarse para el movimiento de las mismas, electricidad proveniente de celdas fotovoltaicas o generadores eólicos.

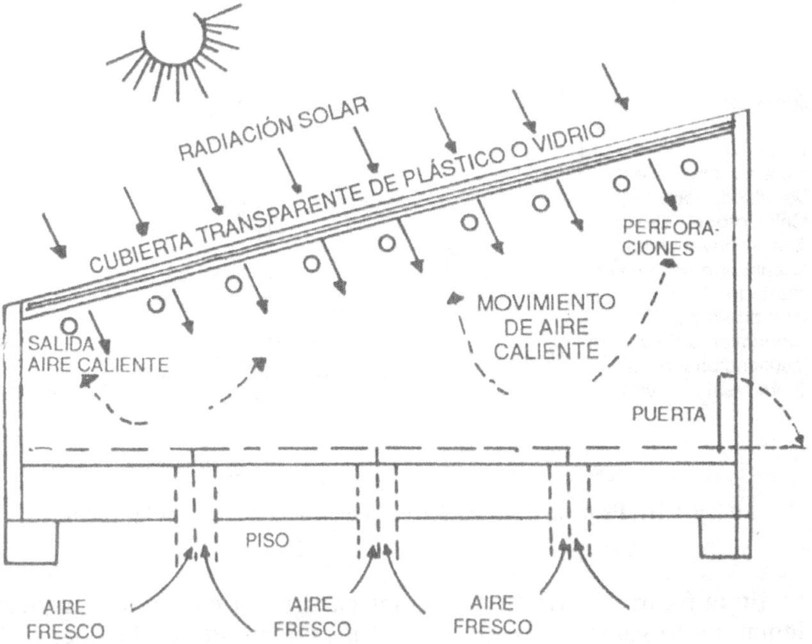

FIG. 7-VIII. Secadero solar.

Secaderos solares

Muchas substancias o productos necesitan un tratamiento de secado, empleándose para ella locales o recintos que se denominan *secaderos*.

El método de secado que generalmente se emplea consiste en el calentamiento y ventilación para eliminación del aire húmedo.

Dicho proceso puede realizarse mediante la aplicación de la energía solar, tal el caso muy común de secado de granos o frutas.

En la figura 7-VIII se muestra un secadero elemental empleando la energía solar. Consta de una cabina o recipiente donde se introduce el material a secar.

El funcionamiento es muy sencillo, aprovechándose la radiación solar directa que pasa a través de la cubierta transparente de vidrio o plástico orientada hacia el norte, provocando de esa manera la elevación de la temperatura del interior del recinto.

Paralelamente se produce una corriente de ventilación por efecto convectivo, tomándose el aire fresco por la parte inferior, y saliendo lateralmente, mediante perforaciones efectuadas al efecto.

Referencias

1. Recinto secado.
2. Colector aire caliente
3. Ventilador centrífugo.
4. Calefactor de aire caliente convencional .
5. Compuerta salida aire húmedo
6. Compuertas de funcionamiento de sistema convencional de calentamiento de aire.

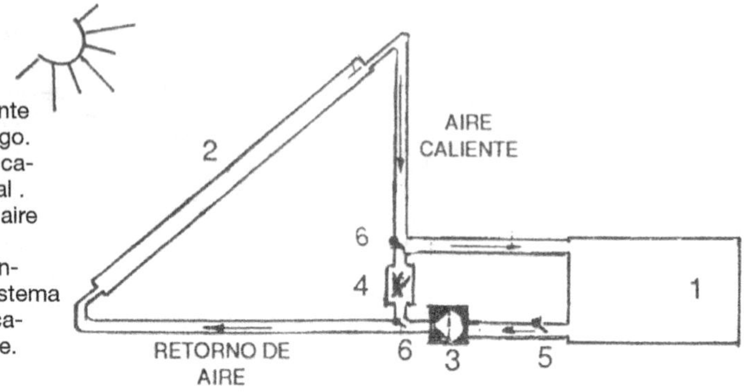

FIG. 8-VIII. Esquema de secadero con ganancia de calor solar indirecto

En la figura 8-VIII se detalla las características de un secadero de calentamiento solar indirecto, ya de más envergadura, destinado al secado de fruta, que se basa en un colector de aire caliente, el que circula al recinto de secado por medio de conductos y un ventilador centrífugo.

Cuenta como elemento de apoyo un calefactor de aire convencional.

Capítulo IX

ENERGÍA EÓLICA

Generalidades

El calor del sol provoca dilataciones y contracciones del aire y consecuentemente su desplazamiento, lo que constituye el viento, el que va paralelamente a la superficie del planeta.

Los rayos solares no calientan uniformemente la atmósfera, dado que inciden con diferentes ángulos de inclinación.

De esa manera, una masa de aire caliente se hace mas liviana y por convección natural tiende a ascender con respecto a otras mas frías que se desplazan a esos espacios, generando grandes movimientos, mediante el deslizamiento sobre la superficie de la tierra, como se muestra en la figura 1-IX

Además, en verano y durante el día, la tierra se calienta más rápidamente que el mar, por lo que el aire se eleva y el viento marítimo más frío se desplaza hacia el continente. Lo contrario ocurre durante la noche, especialmente en invierno, donde la tierra se enfría más deprisa que el mar, como se destaca en la figura 2-IX.

La velocidad del viento tiende a aumentar cuando choca contra una montaña, mientras que en la cara opuesta de la misma, el viento se debilita formando torbellinos, como se observa en la figura 3-IX.

Debido al rozamiento que produce el aire a su paso por la superficie, la velocidad del viento tiende a decrecer a medida que se desplaza más cerca de la tierra.

El instrumento destinado a medir la velocidad del viento es el *anemómetro*, el que generalmente está formado por un gran número de álabes distribuidos radialmente con un eje común, que gira cuando se enfrenta al viento, accionando un contador que indica en base al número de revoluciones, la velocidad del viento incidente.

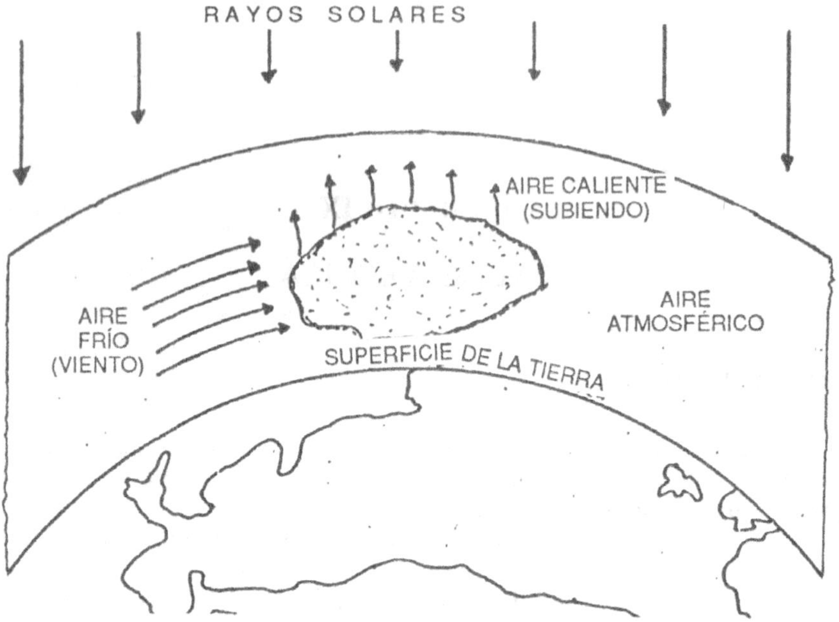

FIG. 1-IX. Generación de los vientos.

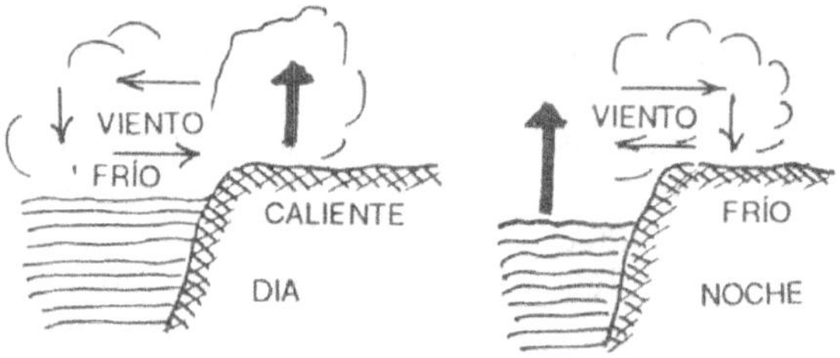

FIG. 2-IX. Acción del mar sobre la dirección del viento.

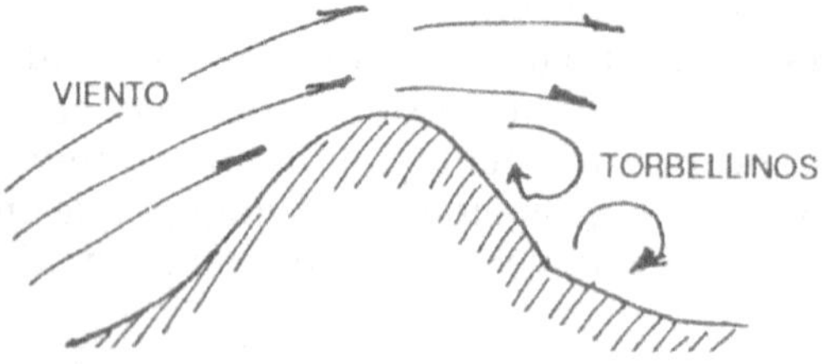

FIG. 3-IX. Acción del viento en montaña.

Para evaluar los efectos producidos por la velocidad del viento se detalla en el cuadro 1-IX su clasificación, teniendo en cuenta la escala de Beaufort.

CUADRO 1-IX.

EFECTOS PRODUCIDOS POR EL VIENTO EN FUNCIÓN DE SU VELOCIDAD

Nº	*Nombre*	*Velocidad km/h*	*Efectos producidos*
0	Calma	0 a 1	El humo de las chimeneas asciende verticalmente
1	Ventolina	2 a 6	Es apenas sensible, el humo acusa la dirección del viento, las hojas se balancean
2	Brisa	7 a 12	Se mueven las hojas de los árboles, el viento empieza a sentirse en el rostro
3	Suave	13 a 18	Las hojas y ramas pequeñas se agitan. Una bandera se mantiene extendida
4	Bonancible	19 a 26	El viento levanta polvo y papeles del suelo. Se agitan las ramas de los árboles
5	Agitado	27 a 35	Los arbustos se ladean y se forman olas en los espejos de agua en estanques y lagos
6	Ventoso	36 a 44	El viento mueve grandes ramas
7	Muy ventoso	45 a 54	El viento mueve árboles livianos y se hace difícil caminar en contra la dirección del viento
8	Ventarrón	55 a 65	Las ramas se quiebran o desprenden. Es imposible caminar en contra la dirección del viento
9	Fuertes	66 a 77	Se rompen ramas de considerable espesor
10	Temporal	78 a 90	"
11	Borrasca	91 a 104	"
12	Huracán	Más de 104	Caen árboles y provocan numerosos daños

En general suelen producirse golpes de vientos o *ráfagas* cuya velocidad es muy elevada, pero que por su corta duración puede no llegar a causar los efectos indicados.

Molinos de viento

La energía proveniente de la acción del viento se denomina *energía eólica*, en honor a Eolo, Dios del viento en la mitología griega. Las características básicas, que permiten analizar la aplicación de la energía eólica son las siguientes:

- Zona de emplazamiento.
- Velocidad del viento en km/h o m/seg.
- Dirección, de acuerdo a la orientación y su variabilidad.

La forma de aprovechamiento consiste en transformarla en *energía mecánica*, mediante el uso de *molinos de viento* o dispositivos especiales.

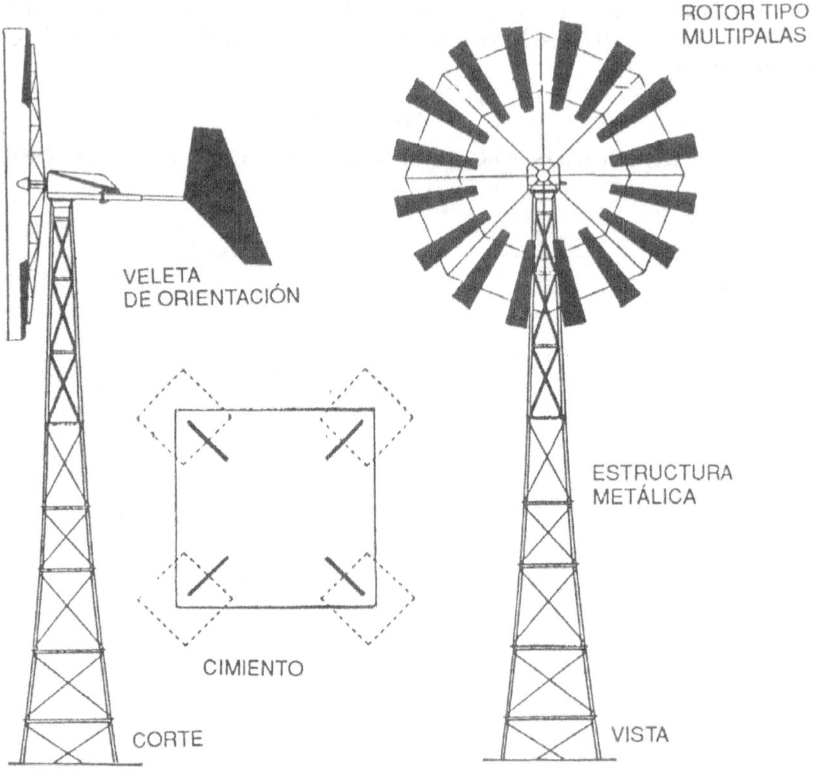

FIG. 4-IX. Características del molino de viento.

Los molinos utilizan la fuerza que produce el viento sobre un rotor, montado sobre una torre sostén a una altura conveniente.

Los elementos básicos que componen los mismos, según se consigna en la figura 4-X son los siguientes:

- Rotor y mecanismos de control y orientación.
- Estructura de soporte.

ROTOR Y MECANISMOS DE CONTROL Y ORIENTACIÓN

El rotor es el aparato exterior del molino de viento, cuya función es transformar la energía eólica, en un movimiento rotatorio, compuesto de elementos denominados aspas, palas o hélices.

Las palas se construyen generalmente para los molinos convencionales .en chapa metálica, pero en modelos de tamaño elevado se utilizan preferentemente resinas plásticas y fibras sintéticas, de bajo peso, de formas aerodinámicas, gran resistencia mecánica y a los agentes climáticos.

El rotor es la pieza fundamental en la captación de la energía eólica siendo uno de los problemas fundamentales de su diseño, la prevención de la acción de los *fuertes vientos*.

Por ello, se han desarrollado diversos modelos que permiten proteger los rotores, como por ejemplo variación de la inclinación de las aspas, giro del rotor de modo de disminuir la intensidad máxima del viento, y especialmente la utilización de *frenos* generalmente de disco, que accionan automáticamente cuando la velocidad del rotor es muy elevada.

De esa manera, se tiende a evitar y prevenir esfuerzos excesivos, altas vibraciones e incluso la rotura, como resultado de los vientos muy intensos.

Además, las palas deben ser adecuadamente calibradas a fin de evitar ruidos y vibraciones que pueden afectar la estructura de soporte. Según la posición del eje, los rotores pueden clasificarse en:

- Rotores de eje horizontal.
- Rotores de eje vertical.

ROTORES DE EJE HORIZONTAL

Los rotores de eje horizontal se clasifican según su emplazamiento en:

- Rotor a sotavento.
- Rotor a barlovento.

Los *rotores a sotavento* son aquellos en que el viento actúa desde atrás. Estos rotores tienen la ventaja de la *autoorientación*, debido al efecto que provoca el cono que describen las palas al rotar.

Así se utilizan *aero-turbinas* con sistemas aerodinámicos muy estudiados y precisos, con pequeño número de palas, en la que se pueden lograr altas velocidades de giro, como en el modelo que se consigna en la figura 5-IX.

Los *rotores a barlovento* son los que reciben el viento de frente y necesitan un sistema independiente de orientación.

Si el molino es de reducidas dimensiones basta una cola que actúa como *veleta* la que se desplaza impulsada por la dirección del viento. Dicha veleta es una pieza de metal de forma aerodinámica, que se coloca junto al rotor, de modo de orientarlo contra el viento incidente, mediante el giro sobre un eje vertical.

FIG. 5-IX. Rotor de dos palas de alta velocidad.

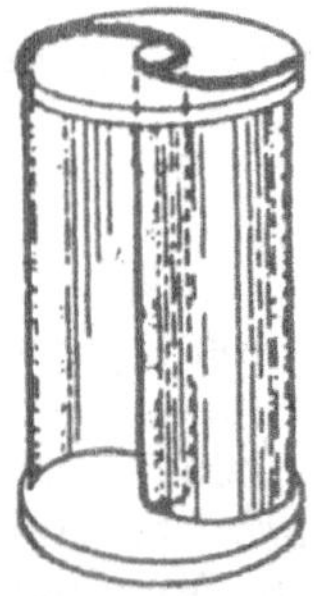

FIG. 6-IX. Rotor de eje vertical.

En los molinos de mayores dimensiones, se utilizan *hélices auxiliares* perpendiculares a la principal, que mueve el conjunto cuando varia la dirección del viento.

En grandes molinos se acoplan servomecanismos controlados por microprocesadores, que orientan el rotor en función de los datos registrados por una pequeña veleta sensora.

ROTORES DE EJE VERTICAL

En la figura 6-IX se muestra un rotor de eje vertical consistente en dos palas curvadas longitudinalmente, que constituye un modelo entre la infinidad que se fabrican.

En general la velocidad de giro de estos rotores es menor que los de eje horizontal, requiriéndose entonces sistemas de engranaje de mayor multiplicación para aumentar la misma.

Sin embargo, tienen la ventaja de que no necesitan dispositivos de orientación en función de la dirección del viento, por lo que se simplifica su construcción.

ESTRUCTURA DE SOPORTE

La estructura de soporte generalmente es metálica, debiendo diseñarse especialmente para soportar la acción del viento más desfavorable, siendo sustentada por bases de hormigón.

Deben contar con elementos de acceso para mantenimiento del rotor, de los distintos elementos y de la propia estructura.

Aplicación de la energía eólica

Los molinos se utilizaban en la antigüedad para la molienda de granos, accionamiento de sierras, trituración y otros usos, los que fueron reemplazados, con el avance de la técnica por máquinas accionadas a combustibles tradicionales o electricidad.

Sin embargo los molinos siguen utilizándose, en reemplazo de los combustibles convencionales en dos aplicaciones básicas:

- Generación de electricidad.
- Bombeo de agua.

Generación de electricidad

Los dispositivos destinados a aprovechar la energía eólica para generar electricidad, además de los indicados precedentemente, requieren los elementos básicos, que se indican en el esquema de la figura 7-IX.

GENERADOR

Se construyen de corriente continua o alterna según los casos, para transformar la energía mecánica originada por el viento sobre el rotor en energía eléctrica útil para el consumo.

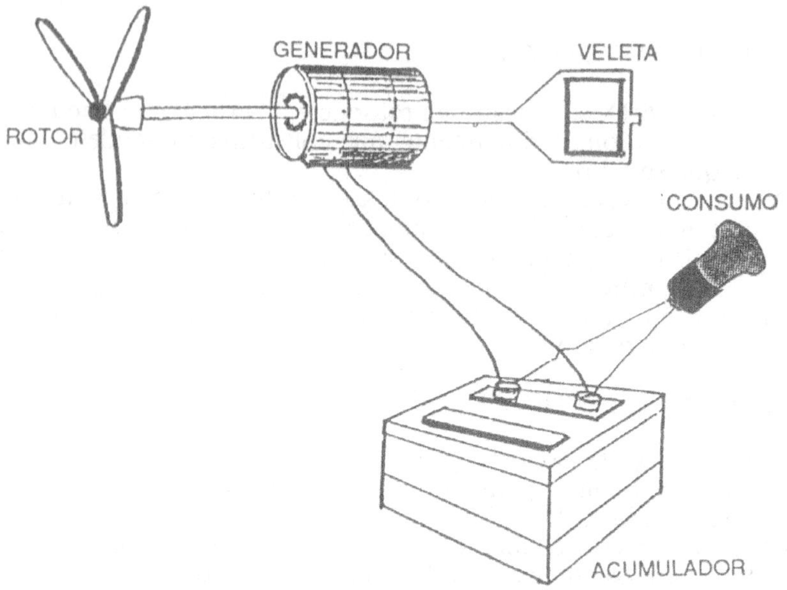

FIG. 7 -IX. Esquema básico de generador eólico.

En la parte superior se instala junto al rotor una caja especial de metal o fibra de vidrio, en la cual se colocan los elementos de seguridad y control, el sistema de regulación de la cola o veleta, la caja de velocidades y el generador propiamente dicho, montado sobre un sistema giratorio.

La unidad de control debe asegurar una óptima utilización de la potencia del viento sea cual fuere su velocidad, a fin de evitar sobrecargas.

Así, la unidad de control comanda por medio de impulsos el sistema de maniobra, por ejemplo mediante un sistema hidráulico, que regula la orientación del rotor, cuando se alcanza la potencia máxima del generador.

En la figura 8-IX se muestra en forma esquemática, las características de un equipo electrogenerador.

POTENCIA ELECTRICA

La potencia de un aerogenerador depende de:

- Velocidad de giro y longitud de las palas del rotor.
- Dimensión de las bobinas del generador.

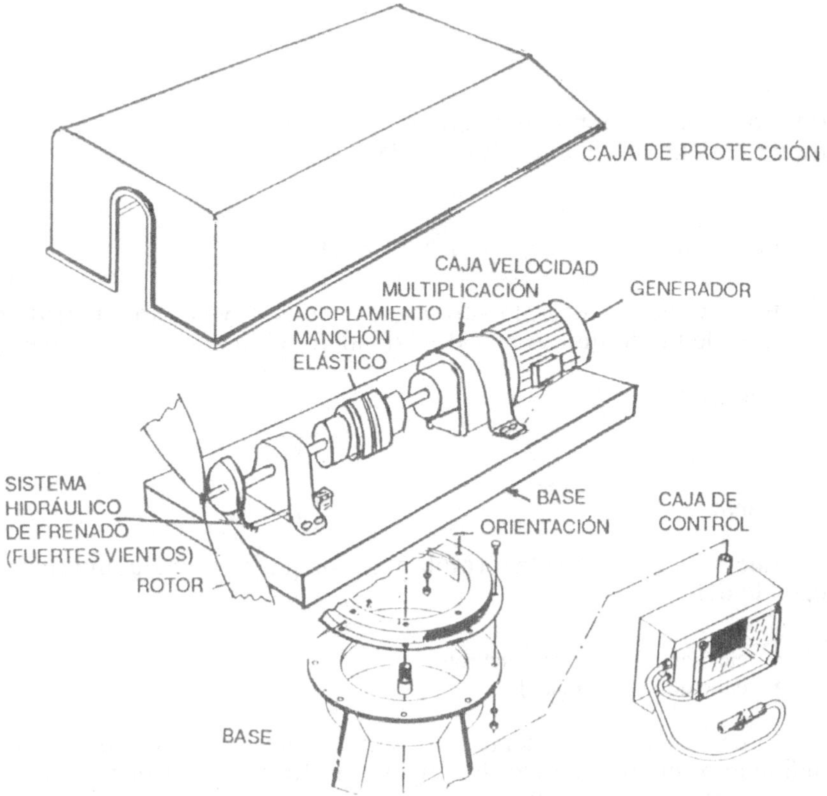

8-IX Característica de un equipo electrogenerador

La potencia proporcionada por la energía cinética constituida por una masa de aire en movimiento, al incidir sobre un plano vertical a la dirección del viento, puede ser expresada por la ecuación:

$$P = 0,5\ \gamma\ A\ v^3$$

Donde:

P: potencia obtenida (watt).
γ: peso específico del aire (kg/m^3).
v: velocidad del aire (m/seg).
A: área transversal (m^2).

Sin embargo no se puede captar toda la energía cinética, dado que parte del viento atraviesa la superficie del generador eólico. Según Betz, la máxima energía recuperable teóricamente es de aproximadamente el

60.%, de modo que, tomando como valor medio de peso específico del aire de 1,25 kg/m^3, la ecuación queda:

$$P = 0{,}5 \times 0{,}6 \times 1{,}25\ A\ v^3$$

Por lo que: $$P = 0{,}37\ A\ v^3$$

En caso de un rotor, la superficie A constituye el área barrida por las palas, de modo que: $A = \pi\ d^2/4$ siendo d, el diámetro de las palas.

Por ello:

$$P = 0{,}37\ \ \pi\ d^2/4\ v^3$$

o sea: $$P = 0{,}29\ d^2\ v^3$$

Luego, se deduce de la fórmula anterior que la potencia suministrada depende del:

- cuadrado del diámetro del rotor
- cubo de la velocidad del viento

Debe tenerse en cuenta que existen una serie de pérdidas de rendimiento, propias de las diferentes transformaciones que requiere el sistema empleado, como la velocidad de rotación del rotor, multiplicador/ reductor, transformador, rectificador, baterías, líneas de distribución eléctrica, etc., por lo que los valores reales de potencia obtenidos en la práctica para los sistemas eólicos normales es del 30 al 50 % del valor indicado en la fórmula anterior.

Se deduce de la fórmula, que para mejorar la potencia obtenida es conveniente aumentar el diámetro de las palas del rotor, pero ella debe limitarse, dado que recurrir a rotores de grandes dimensiones implica originar problemas de sustentación y aumentos de costos de fabricación. El números de palas del rotor prácticamente no influye en la potencia suministrada.

Bombeo del agua

Para el bombeo de agua mediante la energía eólica, pueden emplearse dos formas básicas:

- Bombeo mecánico.
- Bombeo eléctrico..

BOMBEO MECÁNICO DEL AGUA

Una de las formas para el bombeo del agua en forma mecánica consiste en la utilización de una bomba a pistón, que provoca la aspiración en la tubería sumergida y la expulsión hacia un depósito de acumulación, tal como se muestra en forma esquemática en la figura 9-IX.

Es necesario para lograr este objetivo, conectar la bomba a un dispositivo o engranaje diseñado especialmente.

En general es preferible que el bombeo se efectúe en forma lenta, a fin de reducir al mínimo la resistencia a la circulación del agua por las cañerías.

Por ella en la aplicación mecánica de los sistemas eólicos para bombear el agua, no se requiere una velocidad de giro del rotor elevada, debiendo contar, sin embargo, con un *alto par de arranque*, para vencer la inercia del equipo.

Los molinos tipo multipalas convencionales, cumplen con estas condiciones contando con un alto par de arranque.

Como elemento referencial se consigna en el cuadro 2-IX la capacidad de un molino de viento para elevación del agua a distintas alturas, considerando un viento tipo de 26 km por hora.

CUADRO 2-X.

CAPACIDAD DE MOLINOS DE VIENTO PARA ELEVACIÓN DE AGUA

Diámetro (m)	*Veloc. viento (km / h)*	*Revoluc. por min*	*l / min de agua elevados a una altura de m* 7,5	15	22,5	30	45	60
2,6	26	45	23	11	...	...	...	...
3	26	40	72	36	25	18	...	...
3,6	26	35	128	68	45	32	22	...
4,3	26	30	171	85	60	43	30	19
4,9	26	25	245	120	74	61	37	31
5,5	26	23	370	197	123	92	66	46
6,1	26	21	473	241	154	118	73	60
7,6	26	17	804	405	271	188	141	101

BOMBEO ELÉCTRICO DEL AGUA

Para el bombeo del agua se emplea una bomba eléctrica, cuyo motor se conecta a los terminales del generador eólico o a los polos de la batería acumuladora en caso de utilizarse.

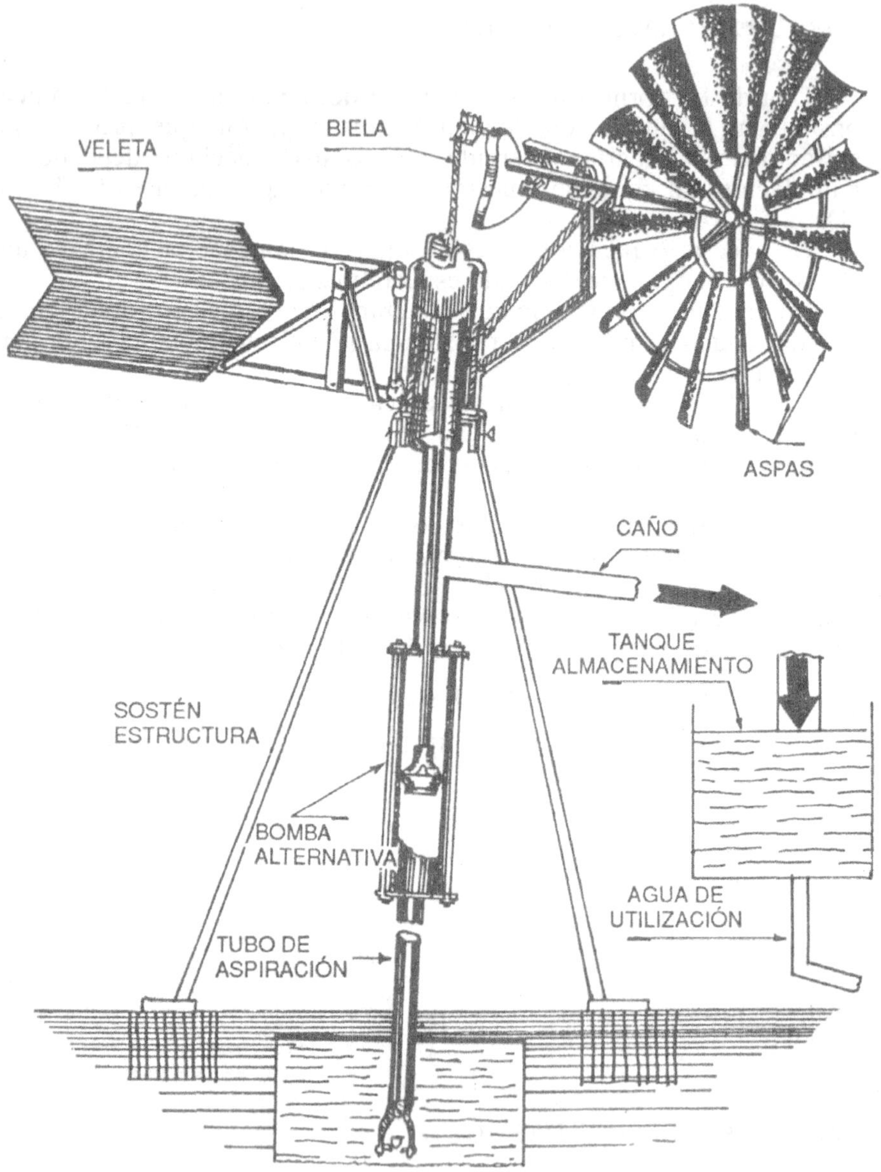

FIG. 9-IX. Detalle esquemático de bombeo mecánico de agua.

Aprovechamiento de la energía eólica

El aprovechamiento de la energía eólica constituye una alternativa muy importante y competitiva, por lo que es muchísima en la actualidad su aplicación a nivel mundial, como parque generador eléctrico, mediante la ejecución de centrales o usinas eólicas.

De esa manera se reemplazan los combustibles tradicionales, sin originar contaminación ni cambios ecológicos en el ambiente.

En nuestro país, al sur de Bahía Blanca es una zona ideal para el emplazamiento de equipos eólicos, por la particularidad de contar con fuertes y permanentes vientos, por lo que se está estudiando su aprovechamiento como nueva fuente energética.

Almacenamiento de la energía eólica

En los casos que es necesario el almacenamiento, para aplicaciones de electricidad en que se quiere asegurar el suministro en todo momento, se genera corriente continua y se almacena en baterías o acumuladores.

Por ejemplo un generador eólico puede abastecer desde grandes consumos en forma de centrales de distribución eléctrica, hasta lo que es de aplicación mas común el suministro eléctrico de una casa, con suficiente energía para el sistema de iluminación, heladera, radio, televisión, extractor de cocina, bomba de agua, etc.

En estos casos debe asegurarse el abastecimiento por interrupciones repentinas de la acción del viento, para lo cual es muy común almacenar energía eléctrica de reserva en baterías de plomo del tipo utilizado para automóviles, de 12 Volts, o en casos especiales, diseñadas especialmente para la aplicación a que están destinadas con el objeto de lograr un alto rendimiento.

Cuando se trata de instalaciones de envergadura, pueden utilizarse *acumuladores hidráulicos*, que consisten en grandes depósitos donde se almacena agua a una altura determinada, mediante el bombeo en los momentos que se cuente con energía eólica excedente.

Cuando es necesario, ya sea en los picos de demanda o cuando no incide la acción del viento, se la utiliza para accionar turbinas que generan energía eléctrica.

La aplicación actual en viviendas rurales es muchísima. En la figura 10-IX se muestra un sistema eólico donde además de bombear el agua a un tanque de reserva, se suministra electricidad a toda la casa. El sistema puede complementarse con un colector solar, destinado a la producción de agua caliente para el suministro a los diversos artefactos sanitarios.

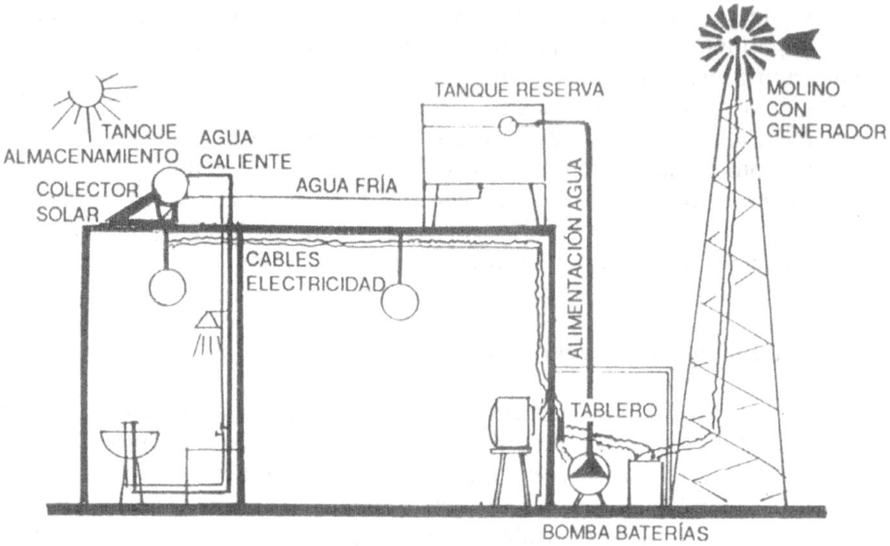

FIG: 10-IX. Detalle esquemática del usa múltiple de la energía eólica.

Los sistemas que utilizan en forma complementaria distintos medios de captación de energía como por ejemplo el viento y el sol, son denominados híbridos. Suelen emplearse para suministrar energía eléctrica, compuestos por un aerogenerador, módulos fotovoltaicos, baterías y un equipo electrónico para la regulación del funcionamiento

La disponibilidad de energía solar y eólica varía constantemente en forma irregular, suplementándose durante el día y la noche y a lo largo del año, el sol y el viento se complementan mutuamente, contrarrestando las variaciones que se producen, dando lugar a instalaciones mas eficientes y seguras.

Son sistemas adecuados para la alimentación de lugares difícilmente accesibles como repetidoras de radioenlace para telecomunicaciones, sistemas de supervisión para la navegación, estaciones meteorológicas, etc.

CAPÍTULO X

BIOMASA

Definición

Se define la *biomasa* como la materia proveniente de desechos vegetales o animales, que puede convertirse en energía, mediante procesos biológicos o termoquímicos.

En la biomasa se incluyen entonces los árboles, arbustos y demás vegetación leñosa, las hierbas y residuos agrícolas, el estiércol, los desechos domésticos o industriales, etc.

El concepto de biomasa, no comprende los combustibles tradicionales líquidos o gaseosos derivados del petróleo, ni los sólidos constituidos por carbones fósiles.

La energía proveniente de la biomasa puede considerarse como energía solar almacenada, ya que las plantas por ejemplo, utilizan la luz solar para convertir el anhídrido carbónico atmosférico y el agua en materia orgánica, siguiendo el proceso conocido como *fotosíntesis*.

La materia orgánica puede ser utilizada como fuente energética mediante distintos métodos, entre los que se pueden mencionar:

- *Combustión directa*, quemando aquellas materias que poseen un contenido bajo de agua, tales como leñas, residuos de madera, operaciones agrícolas, etc.
- *Fermentación*, que se realiza sobre la caña de azúcar, celulosa, granos, etc., para la obtención de combustibles a base de alcohol.
- *Digestión* de la materia y desechos animales y vegetales para la producción de metano y anhídrido carbónico, que se denomina biogás.
- *Pirólisis* por el calentamiento de la materia orgánica en ausencia de oxígeno para la elaboración de hidrocarburos líquidos y gaseosos.
- *Producción de aceites vegetales*, tales como el girasol y plantas afines.

Combustión de la leña

La forma más práctica y común de la utilización de la biomasa es la combustión directa de la leña para cocinar o calefaccionar los locales.

La leña recién cortada contiene un 40 a 50 % de agua, reduciéndose hasta un 15 a un 20 % por desecación al aire libre.

En general se utiliza la madera dura, que en estado completamente seco esta compuesta por un 50 % de carbono, 40 % de aire (oxígeno y nitrógeno), 5 % de hidrógeno y el resto compuesto de materiales incombustibles que se transforman en cenizas.

La leña dura tiene un poder calorífico aproximado de 3.000 a 5.000 kcal/kg, adoptándose en la práctica un valor de 4.000 kcal/kg.

CARBÓN DE LENA

El carbón vegetal es el residuo sólido que se obtiene calentando la leña a altas temperaturas, aproximadamente 400 °C, en condiciones controladas de cerramiento, que permite la eliminación de las substancias volátiles.

De esa manera para evitar que la madera se transforme en cenizas, se impide la entrada de aire en exceso y por ello la materia prima eliminan los elementos volátiles en forma de humo, dejando como residuo el carbón vegetal.

Existen varios métodos para obtener carbón de leña, que pueden ser:

- Parvas.
- Fosas.
- Hornos de ladrillos.
- Otras formas.

En el método de *parvas*, la leña se apila y se cubre con tierra con el fin de impedir la entrada de aire al máximo. Es el método tradicional de bajo costo empleando bastante mano de obra.

Las *fosas* consisten en excavaciones de aproximadamente 1 x 2 m con 1 m de profundidad como mínimo, que se cargan con madera y se cubren con tierra, incluyéndose conductos de entrada y salida de humo.

Los *hornos de ladrillos* son constituidos para provocar el proceso de carbonización, generalmente requieren un mayor costo de inversión que los casos anteriores.

Además pueden emplearse otros métodos, como por ejemplo utilizar hornos metálicos en tambores transportables que puede utilizarse para producir carbón vegetal en pequeña escala.

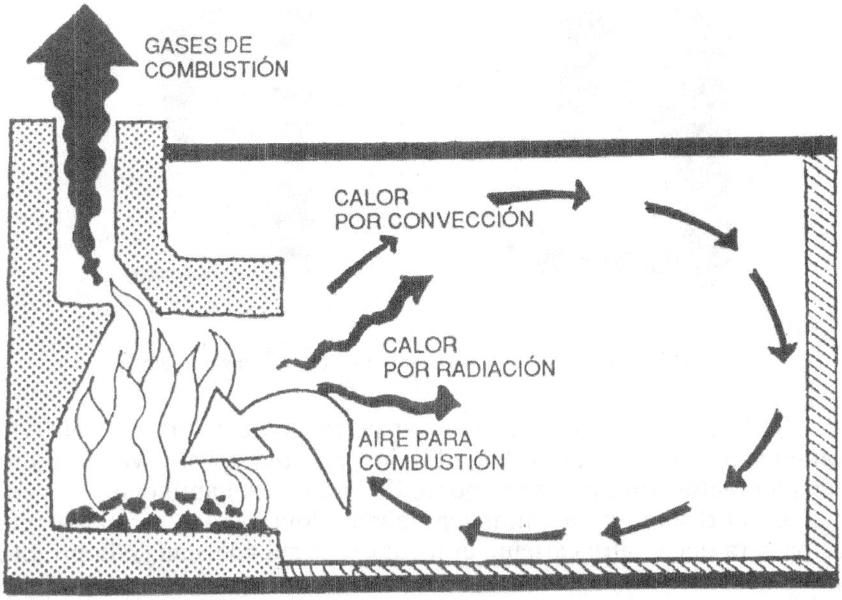

FIG. 1-X. Detalle de funcionamiento de un hogar a leña.

Estufas de leña para calefacción

Se conoce bajo el nombre de *chimenea u hogar,* una abertura de diversas dimensiones o formas, que se ubica en el interior de una vivienda, destinada a recibir el fuego que se produce mediante la combustión de leña o carbón de leña. Se complementan con un conducto de evacuación de los gases al exterior.

Al arder los leños dentro del hogar, desprenden cierta cantidad de calor, que tienden a elevar la temperatura del aire de los locales.

En la figura 1-X se muestra el funcionamiento, parte del calor se emite por radiación en forma directa por el fuego, o la mampostería que constituye el hogar y parte se emite por convección por efecto del calentamiento del aire del local, que al hacerse mas liviano tiende a ascender en forma natural.

En estos sistemas, la mayor parte del calor se escapa por el conducto de evacuación de los gases al exterior, por lo que el rendimiento térmico de estos elementos son muy reducidos, estimándose en un 20 % del producido por la combustión.

Sin embargo, teniendo en cuenta la sensación de placer que representa la observación del fuego encendido, muchos usuarios prefieren la tradicional chimenea en lugar de otros sistemas de calefacción.

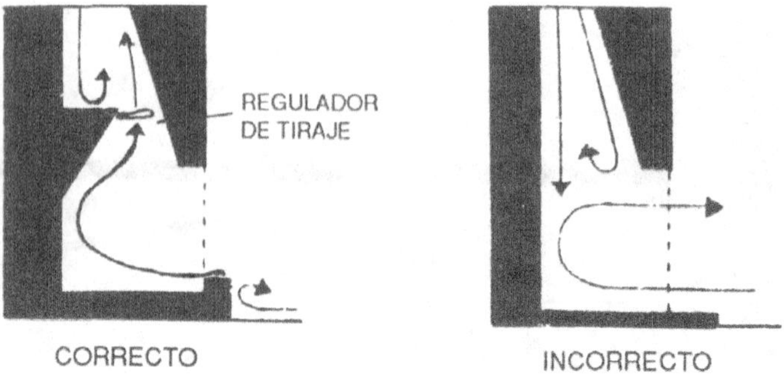

FIG. 2-X. Disposición constructiva de chimeneas u hogares.

Se la utiliza en el lugar de estar permanente como lo es el living comedor o sala de estar de los edificios, no solo constituyendo un núcleo calefactor, sino como elemento decorativo del ambiente.

En el diseño de la chimenea deben adoptarse los recaudos necesarios para que el aire caliente el local en forma adecuada, sin producir humo en el mismo.

Para ello, debe tenerse en cuenta que generalmente en la pared exterior, se origina una corriente de aire descendente, por encontrarse fría, que se opone al efecto del tiro natural debido a la diferencia de peso con los gases calientes.

Se origina entonces, un choque que produce un remolino de aire, con la expulsión de los humos hacia el local, denominado *retroceso*. Para ella tal cual se indica en la figura 2-X se ejecuta un pequeño desplazamiento, de modo que la corriente ascendente no encuentre obstáculos en su camino, aumentándose incluso el rendimiento con un regulador de la abertura de tiro.

Van adosadas a la pared y los materiales de revestimiento que ofrecen buenas características son muy variados, como mármol, ónix, cobre, bronce, aluminio, etc.

Al proyectar este tipo de estufas hay que tener en cuenta las dimensiones de la habitación, el estilo de decoración y el área donde se ubican.

Pueden ocupar el centro, o ubicarse en algún rincón del local, no debiéndose emplazar cerca de puertas o ventanas.

En la figura 3-X se muestran las partes constitutivas de una chimenea de tiraje natural.

En la figura 4-X se enumeran las principales partes constitutivas de una chimenea y en el cuadro 1-X, se establecen las dimensiones aproximadas.

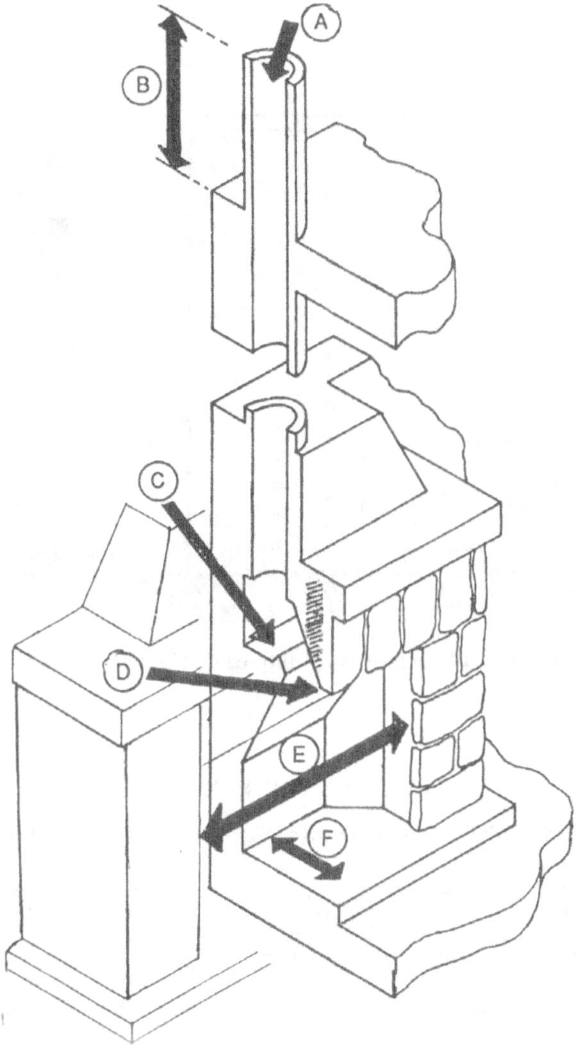

A. Conducto de humo.
B. Descarga sobre el techo.
C. Estante en la cámara de humo o pulmón.
D. Dintel frente a la garganta.
E. Ancho del hogar.
F. Profundidad.

FIG. 3-X. Detalle de chimenea u hogar.

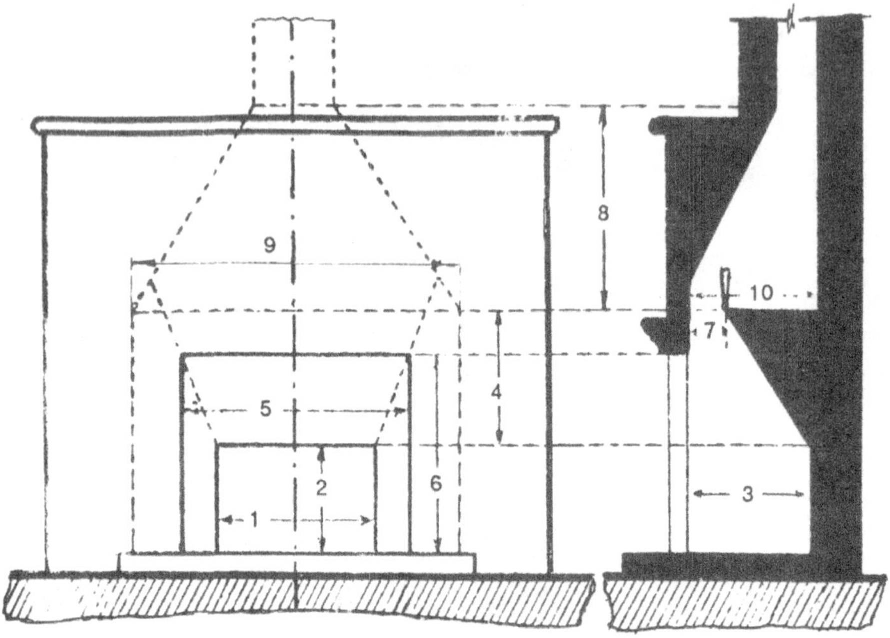

FIG. 4-X. Elementos constitutivos de chimeneas u hogares.

CUADRO I-X.

DIMENSIONES APROXIMADAS DE CHIMENEAS EN CM

Hogar				Boca		Garganta	Cámara de humo			Conducto	
1 Ancho	2 Alto	3 Profundidad	4 Altura del plano inclinado	5 Ancho	6 Alto	7 Profundidad	8 Alto	9 Ancho	10 Profundidad	11 Circ.	12 Rect.
28	35,5	40,5	45,5	61	71	20,5	61	94	50,5	22	20 × 20
38	35,5	40,5	45,5	71	71	20,5	63,5	106,5	50,5	25	23 × 23
53,5	35,5	40,5	50,5	86	76	20,5	71	117	50,5	28	26 × 26
58,5	35,5	40,5	50,5	91	76	20,5	71	117	50,5	31	29 × 29
73,5	35,5	40,5	50,5	106,5	76	20,5	89	137	50,5	33	31 × 31
84	35,5	45,5	58,5	122	84	20,5	101,5	150	56	35	33 × 33
94	35,5	51	66	137	91,5	30,5	106,5	170	61	38	35 × 35
106,5	35,5	56	73,5	183	100	30,5	114,5	180	66	40	37 × 37

Los hogares o chimeneas para calefacción con combustibles sólidos más que un sistema de calefacción constituye un sistema de ventilación, dado que el rendimiento es muy pequeño, debido a que la combustión de la leña es la que produce el tiraje de la chimenea. Sin embargo se han estudiado sistemas que permiten lograr mejoras en el rendimiento.

Para el diseño puede utilizarse la tabla de dimensiones. Así se considera en forma práctica *una abertura de hogar de 50 cm² por cada m³ de ambiente*.

Por ejemplo:

Se trata de un living de 7 x 4 x 2,90 m =81,2 m³

81,2 m3 x 50 cm²/m³ =4.060 cm²

Se pueden adoptar las dimensiones de boca (columnas 5 y 6) de 61 x 71 cm = 4.331 cm².

La sección del conducto debe tener una dimensión proporcional a la boca del hogar, determinándose las dimensiones en la tabla del cuadro 1-X. Como norma práctica *la sección del conducto debe ser aproximadamente la décima parte de la sección de la boca a apertura del hogar.*

Aprovechamiento de energía en hogares

Se había mencionado que el rendimiento térmico de una chimenea u hogar era muy pobre, por lo que existen numerosos tipos en los que se busca aumentar el mismo, con el fin de un mayor aprovechamiento del combustible.

En la figura 5-X se muestra uno de dichos modelos. El frente de la estufa esta cerrado por un vidrio templado y el aire del local rodea el conjunto calentándose por convección y radiación.

El aire de la combustión no se toma en este caso de la sala, sino que ingresa por un conducto concéntrico con la chimenea, intercambiando calor con ésta.

Otra forma de aprovechar la energía es utilizar conductos adicionales para producir la circulación del aire en el local, aprovechando el calentamiento del mismo en los espacios que rodean a la chimenea, como se muestra en la figura 6-X.

El aire fresco se toma de las rejas inferiores y se descargan por efecto de la convección natural al hacerse más livianos al calentarse, por las rejas superiores.

En la figura 7-X se detalla otro tipo de estufa destinada a la recuperación de energía.

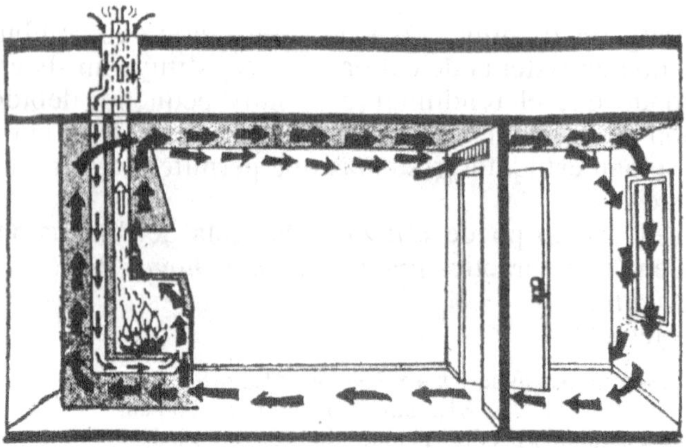

FIG_ 5-X. Hogar diseñado para mayor aprovechamiento de combustible.

Contiene un recuperador-difusor de aire caliente, que es un elemento metálico que toma el calor contenido en las brasas y las llamas, construido de hierro fundido.

Esta constituido por tubos, empalmados por dos colectores, por la que se hace circular agua caliente, que puede estar destinadas a otros fines, como ser calentamiento de agua de consumo o el suministro a radiadores de calefacción ubicados en otros locales.

A su vez el hogar esta rodeado del aire del local, produciéndose el calentamiento por convección, y por medio de rejillas de salida se distribuye en el recinto.

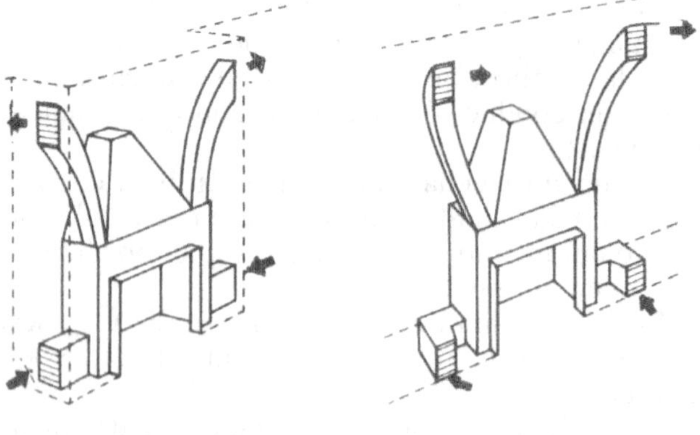

FIG. 6-X. Detalle de hogares con conductos de aire caliente.

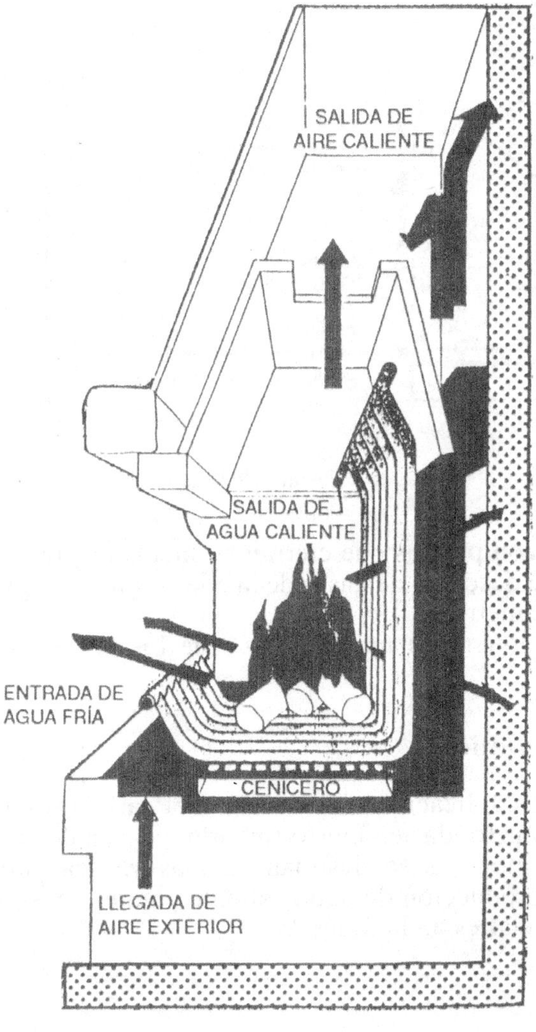

FIG. 7-X. Detalle de chimenea con producción de agua caliente.

Salamandras

Son estufas fabricadas especialmente de hierro fundido, con detalles decorativos de cobre o bronce, y protección interior de material refractario.

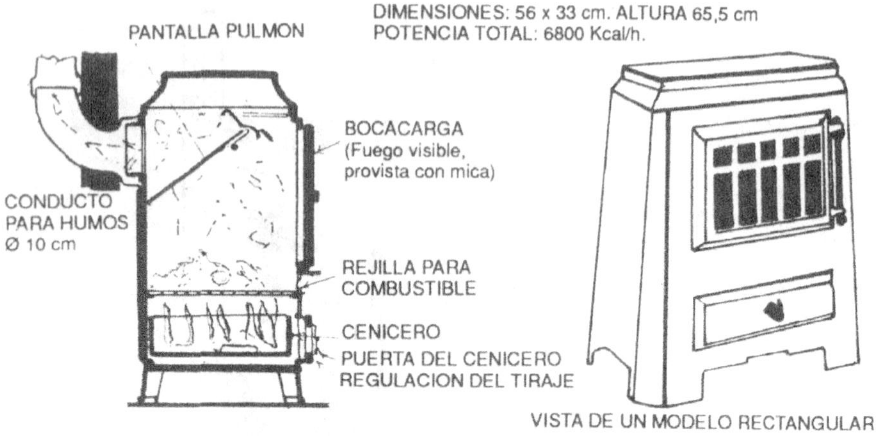

FIG. 8-X. Detalle de salamandra.

Cuentan con puertas que cierran herméticamente, conectadas con un conducto de descarga de gases de la combustión de aproximadamente 10 cm de diámetro.

Existen numerosos modelos, uno de los cuales se indica en la figura 8-X.

Cocinas económicas

Otra de las aplicaciones de la leña o el carbón son en las cocinas económicas, construidas en hierro fundido o chapa de acero.

Algunos modelos se destinan además ya sea para calefacción como para la producción de agua caliente para el consumo tal cual se indica en los detalles en la figura 9-X.

Biogás

El biogás es una mezcla combustible, formada por metano en un 50 a 70 % y 30 a 40 % de anhídrido carbónico, con pequeñas proporciones de oxígeno, hidrógeno y nitrógeno y vestigios de ácido sulfhídrico.

El biogás es producido por bacterias anaeróbicas que descomponen la materia orgánica en ausencia de oxígeno.

Se originan en pozos de prospección petrolífera y minas de carbón. Se encuentra también en pantanos, fosas sépticas, etc., por lo que

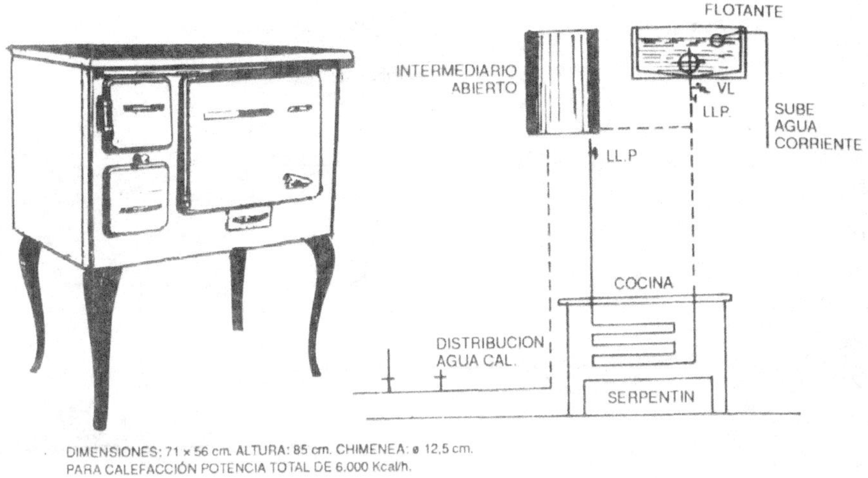

FIG. 9-X. Detalle de cocina económica.

se lo suele denominar *gas de los pantanos*, en la que se produce el burbujeo del biogás.

También se produce en el entierro de desperdicios bajo la superficie del suelo.

El biogás puede elaborarse artificialmente para utilizarlo en la producción de gas combustible, mediante un elemento denominado *digestor* en la que se reproducen las condiciones naturales de generación. En efecto, el digestor funciona mediante un proceso microbiológico llamado *biometanización.*

Los diseños del mismo son muchos, consistiendo básicamente en un tanque el que se llena con estiércol, paja, hojas, etc., en la que se origina la fermentación.

Todas las materias orgánicas como desperdicios en general, papeles, hierbas, etc., pueden ser utilizados para producir biogás.

Allí entonces, se convierte en un ambiente falto de oxígeno, la materia prima de la biomasa en biogás o sea básicamente metano y anhídrido carbónico, dejando un residuo estabilizado.

En la figura 10-X se muestra el proceso de generación de biogás por ejemplo, para originar energía eléctrica mediante un grupo electrógeno y además la producción de abono para uso en la agricultura.

El proceso se desarrolla por medio de bacterias anaeróbicas que efectúan la digestión de los desechos, y los residuos que se generan son

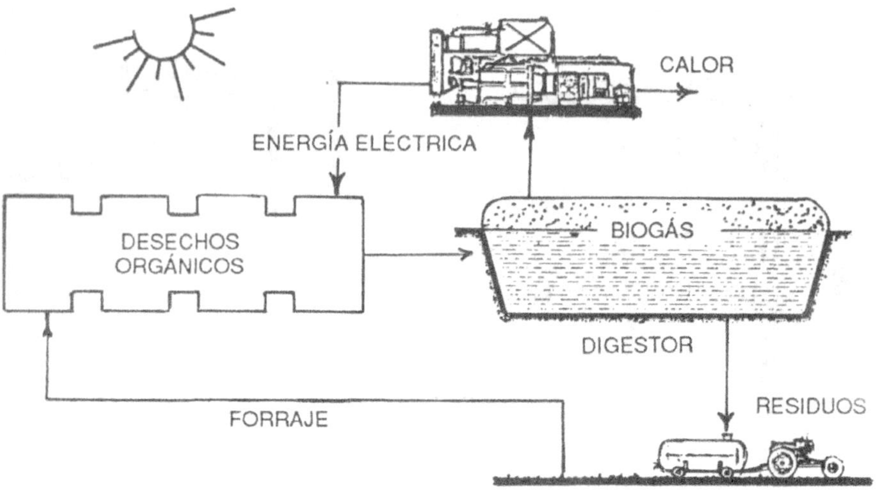

FIG. 10-X. Proceso de biogás.

adecuados para acondicionamientos de suelo, como fertilizante orgánico, dado que contienen gran parte de nitrógeno.

El procedimiento que tiene lugar en el interior del digestor se desarrolla en varias etapas.

Cuando el tanque se carga por primera vez actúan las bacterias aeróbicas que tomando el oxígeno del recinto producen la descomposición inicial de la materia orgánica, transformándola en agua y anhídrido carbónico.

Cuando se consume el oxígeno del interior del digestor, surgen las bacterias anaeróbicas que no necesitan oxígeno para desarrollarse. Estas bacterias transforman las complejas moléculas orgánicas, en otras más sencillas, alguna de las cuales son ácidos orgánicos.

Cuando se formaron las moléculas más simples tiene lugar la aparición de un nuevo conjunto de bacterias anaeróbicas que simplifican aún más las moléculas, con la formación del biogás.

Característica de los digestores

En la figura ll-X se muestra un diseño elemental de un digestor enterrado en el suelo.

Dicho digestor consta básicamente de las siguientes partes:

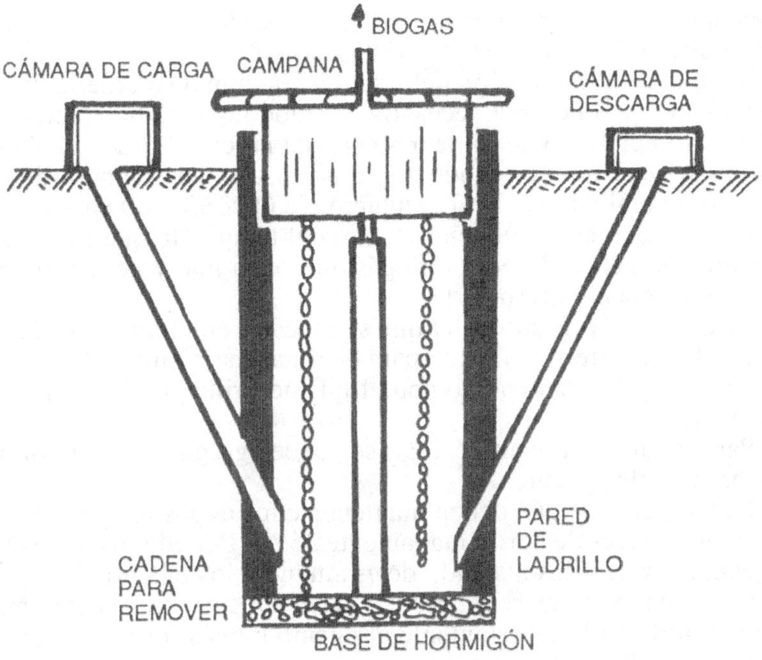

FIG. 11-X. Esquema digestor.

- *Cámara de carga* que es el lugar donde se efectúa la mezcla del estiércol u otros desechos agrícolas con agua antes de introducirla en el digestor, mediante la boca de carga y la cañería o conducto de entrada por la parte inferior del tanque.
- *Cámara de digestión* que es el recinto donde se realiza la descomposición y liberación del gas producido. Esta cámara contiene generalmente accesorios de agitación, cuya misión es revolver la biomasa y facilitar el desprendimiento del biogás.
- *Campana* que actúa como pulmón para almacenar el biogás producido y regular la presión en función del consumo. Esta campana puede ser fija o móvil.
- *Cámara de descarga* para sacar el residuo producido, pudiendo el mismo salir por vasos comunicantes o en modelos más sofisticados mediante bombeo a través de la cañería que parte de la parte inferior de la cámara de digestión.

El digestor debe ubicarse lo más cerca posible del lugar a utilizar el biogás.

El diámetro interno del tanque enterrado debe ser como mínimo de 1,50 metros y 3 metros de profundidad, construido con mampostería de ladrillos con revoque impermeable y base de hormigón.

Puede ser ejecutados sin embargo, prefabricados de cemento, fibrocemento, plástico reforzado, etc., de acuerdo a los factores económicos y disponibilidades de materiales.

El caño de alimentación debe ser de 100 mm de diámetro mínimo, colocado con la pendiente necesaria, de modo que su boca quede a 35 cm del nivel del piso y termine a 50 cm del nivel del fondo del tanque. En la boca superior del conducto se construye una cámara de carga formando un embudo hacia el conducto, de 60 x 60 x 60 cm de altura.

La campana es introducida dentro del tanque, la que es levantada por la presión generada por el biogás que se forma, y generalmente se construye en plástico reforzado.

Otro tipo de digestor es el que se muestra en la figura 12-X, en la que se utilizan material plástico para el almacenamiento del gas formado, pero siempre funcionando con el mismo principio indicado precedentemente.

Para regular la presión del gas se puede agregar o quitar contrapesos sobre la bolsa plástica.

La temperatura que deben mantenerse los depósitos para producir la fermentación, es de aproximadamente 35 °C. Por ella los depósitos se los ejecutan enterrados aislando de esa manera los mismos.

Para aumentar el rendimiento debe aplicarse un calentamiento adicional, utilizando directamente el mismo biogás formado o también mediante la utilización de calentamiento de agua por captación solar.

En la figura 13-X se muestra un modelo que cuenta con sistemas que facilitan su traslado, carga y agitación mecánica. Dispone de colectores solares planos y como alternativa de seguridad un termotanque común alimentado a biogás. El proceso de digestión se produce de 30 a 40 días, originándose gran cantidad de gas al principio el que poco a poco va disminuyendo.

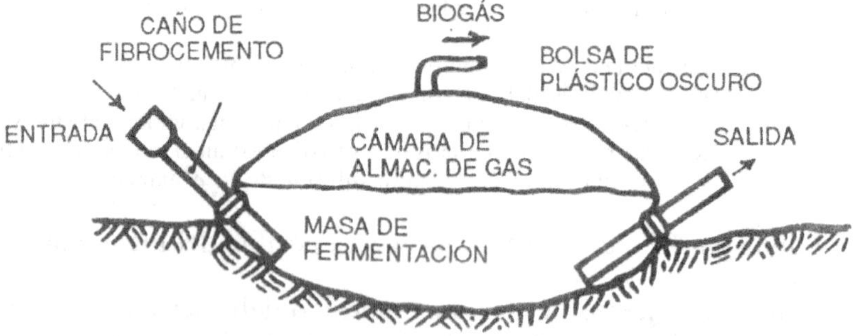

FIG. 12-X. Digestor con elemento de plástico.

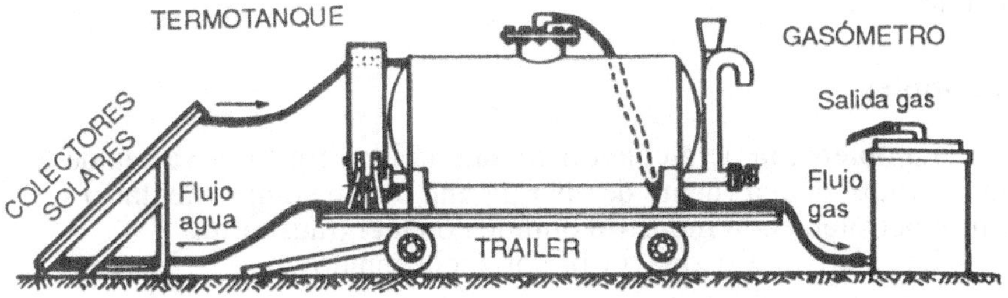

FIG. 13-X. Digestor calefaccionado por energía solar.

Para evitar que se origine una merma pronunciada en la producción, se colocan digestores en paralelo, de modo que cuando disminuye más de un valor determinado en uno, entran a funcionar paulatinamente los otros.

Otra forma es alimentar continuamente el tanque con desechos orgánicos.

Si el contenido de materia tarda 30 días en producir el gas, la alimentación diaria será 1/30 con respecto al volumen del tanque.

Como dato práctico orientativo se puede indicar que 50 kg de estiércol de vaca produce 3 m^3 de biogás.

El poder calorífico del biogás es de aproximadamente 5.500 kcal/m^3, pudiendo variar en más o en menos de acuerdo al contenido de metano.

Comparando su poder calorífico, un metro cúbico de biogás equivale aproximadamente a 0,60 litros de nafta; 0,55 litros de kerosene; 0,60 m^3 de gas natural o 0,25 kg de gas en garrafa (propano-butano).

De acuerdo a experiencias prácticas realizadas se han constatado los siguientes consumos:

Quemador de cocina	100 a 140 l/h de biogás
Heladera de absorción	100 a 200 l/h de biogás
Estufa de 1.500 kcal/h	300 a 400 l/h de biogás
Termotanque de 110 litros	250 a 300 l/h de biogás
Lámpara de gas	50 a 80 l/h de biogás

A partir de estos consumos puede considerarse que una familia rural de 4 personas necesitaría alrededor de 3 a 4 m^3 de biogás para sus necesidades diarias.

Para el diseño, puede estimarse que *cada m^3 de volumen de digestor producen aproximadamente 0,5 m^3 de biogás diario.*

De esa manera, para un consumo de una vivienda mínima de 3 m^3 de biogás por día, se requiere un volumen de tanque para la digestión de 6 m^3.

Alcoholes

La obtención de alcohol mediante la fermentación ya sea de granos o frutas es una fuente de energía que puede complementar o sustituir al petróleo en la industria química o en el transporte.
Los alcoholes de mayor importancia son dos:

- *Etanol* o alcohol etílico (C_2H_5OH).
- *Metanol* o alcohol metálico (CH_3OH).

Desde el punta de vista de la producción a escala comercial, es bastante representativo el etanol. Las fuentes principales de biomasa de las que puede obtenerse el etanol son tres:

- *Azúcares:* caña, melaza, sorgo, etc.
- *Féculas:* mandioca, maíz, papas, etc.
- *Celulosa:* madera y residuos agrícolas.

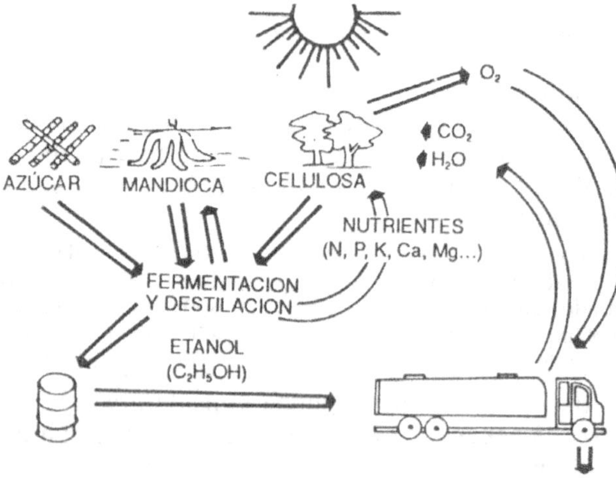

FIG. 14-X. Proceso básico del etanol.

El proceso básico cuyo esquema se incluye como figura 14-X, consiste en la fermentación de la biomasa, lo que origina la producción de alcohol, el que debe destilarse para separarlo del agua.

La materia orgánica absorbe de la atmósfera anhídrido carbónico, el que junto con el agua por fotosíntesis es transformado en hidratos de carbono, descargando oxígeno a la atmósfera.

Simultáneamente se utilizan los distintos nutrientes del suelo como nitrógeno, fósforo, potasio, calcio, magnesio, etcétera.

Este ciclo es cerrado, dado que cuando el etanol es utilizado como combustible en las máquinas, consume oxígeno, liberando anhídrido carbónico y agua nuevamente.

Biodiesel

El biodiesel es un combustible renovable que reemplaza o eventualmente puede complementar al gas-oil. El rendimiento energético es un poco menor, pero desde el punta de vista mecánico, tiene una elevada lubricidad, reduce la formación de carbón en el motor, es biodegradable, no ejerce efectos tóxicos y es menos contaminante del medio ambiente con respecto a los combustibles tradicionales.

El biodiesel que químicamente se denomina *alcoholester de ácido graso*, se produce a partir del aceite de palta, algodón, soja, arroz, girasol o cualquier otro vegetal o también de grasas animales.

El proceso químico para elaborar el biodiesel consiste en reemplazar la molécula de alcohol pesado que contienen los aceites y las grasas por una de alcohol liviano. El resultado es un combustible que se elabora utilizando los recursos renovables, que puede mezclarse en cualquier proporción con el gas oil o utilizarse puro.

Utilización y limitaciones de los biocombustibles

Como forma de propender al uso de los biocombustibles, en nuestro país han establecido disposiciones para que la nafta y el gas oil se comercialicen con un porcentaje mínimo determinado de etanol y biodiesel respectivamente.

Debe aclararse de todas formas, que el aprovechamiento de los biocombustibles si bien es un paso adelante importante, solo puede considerarse como un paliativo en la crisis energética mundial, dado que es prácticamente imposible reemplazar los combustibles tradicionales por este medio, teniendo en cuenta el elevado y creciente consumo requerido, considerando la limitación física de las áreas cultivables por un lado y la necesidad de mantener la producción alimenticia por el otro.

Por tal motivo, debe analizarse con cuidado este aspecto dado que existe el peligro de cambios ecológicos y la desertización, por los continuos desmontes de bosques naturales a fin de destinar esas áreas al cultivo indiscriminado de cereales.

CAPÍTULO XI

OTRAS FUENTES DE ENERGÍA

Energía geotérmica

El calor que proviene del subsuelo de la tierra, puede ser utilizado con fines energéticos.

En efecto, se puede aprovechar la elevación de temperatura con la profundidad en cada punta de la corteza terrestre; por el flujo de calor dirigido a la superficie.

De la intensidad del flujo de calor y de la conductibilidad térmica de las rocas, se puede deducir el gradiente de temperatura que existe en el subsuelo.

En las rocas sedimentarias el gradiente de temperatura es generalmente de 30°C por km de profundidad.

La condición que se requiere para un yacimiento geotérmico es la disponibilidad de gran cantidad de calor a temperaturas relativamente altas para calefacción o producción de electricidad, a una profundidad accesible con los condicionantes técnicos.

En general solo en las zonas volcánicas se pueden encontrar temperaturas de mas de 150°C a pocos kilómetros de profundidad, en forma de agua o vapor, siendo en esas zonas, donde se instalan centrales eléctricas.

En la figura 1-XI se muestra un esquema de una planta geotérmica para producción de energía eléctrica.

Para su aprovechamiento se establece un ciclo que toma la energía útil de la fuente caliente a través de una turbina, la cual a su vez acciona un generador eléctrico.

Los recursos o fuentes geotérmicos se pueden clasificar en cuatro categorías básicas de acuerdo a sus características, distinguiéndose por sus particularidades termodinámicas e hidrológicas.

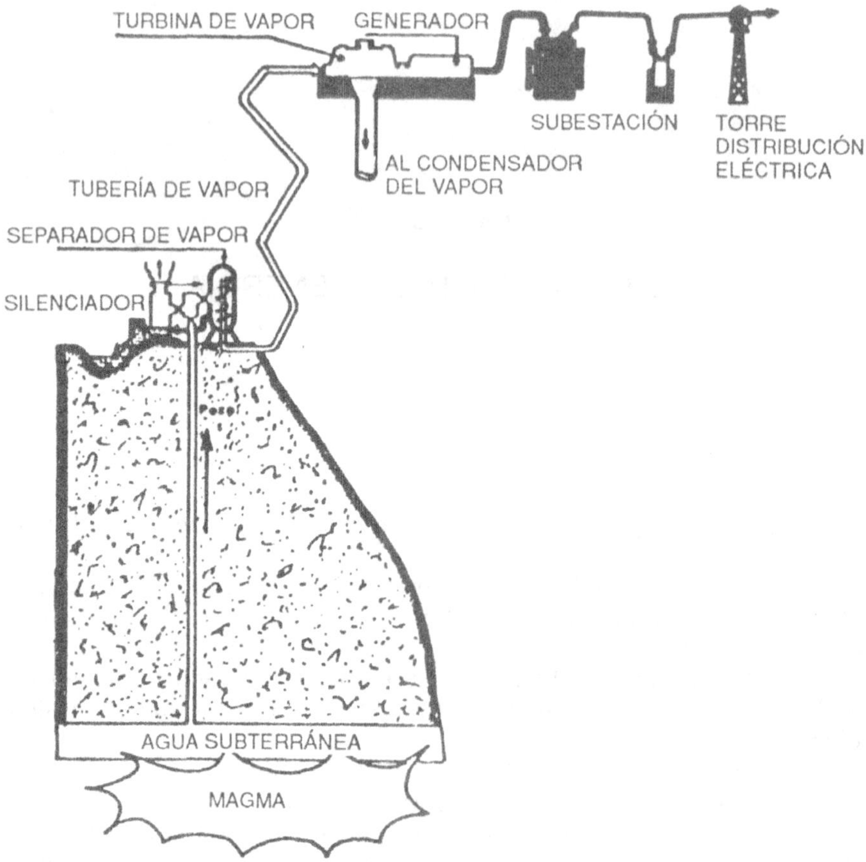

FIG. 1-XI. Esquema de planta geotérmica.

- Hidrotermales con predominio de líquido.
- Hidrotermales con predominio de vapor.
- Pctrotcrmales compuestas por rocas calientes y secas
- Geopresurizadas.

Generalmente los yacimientos geológicos que se utilizan pertenecen al tipo de los *hidrotermales*.

La principal característica es la formación rocosa porosa, permeable y llena de agua o vapor, donde la temperatura es suficiente como para que dicho fluido sea utilizado directamente.

El análisis económico de un yacimiento esta determinado por:

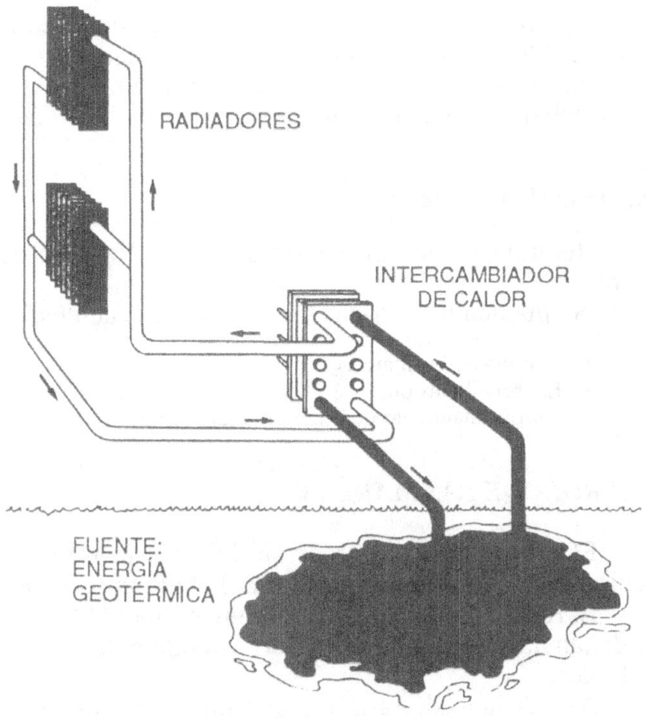

FIG. 2-XI. Aprovechamiento de energía geotérmica para calefacción.

- Profundidad y temperatura de la cuenca acuífera.
- Caudal disponible de la cuenca, y consumo previsto.
- Composición química del agua extraída.
- Distancia entre el yacimiento y cl punto de consumo.

Los yacimientos pueden ser de *baja entalpía* en las que sus temperaturas son menores de 150 °C, las que son demasiado baja como para producir electricidad.

En los yacimientos de *alta entalpía*, las temperaturas de la reserva geotermal son superiores a 150 °C y corresponden a zonas de actividad volcánica joven.

Estos yacimientos pueden ser utilizados para la construcción de centrales geotermoeléctricas, cuya característica importante la constituye el gran consumo de fluido caliente, que se reemplaza gracias al flujo de agua natural de la capa freática de la reserva hidrotermal.

Otra posibilidad pero ya con una tecnología mas compleja es la utilización de yacimientos de *magma caliente* o también yacimientos *geocomprimidos*, con profundidades de hasta 10 km y temperaturas de 800 a 1.200 °C que poseen un potencial energético enorme.

En la figura 2-XI se muestra un esquema elemental de aprovechamiento de energía geotérmica para calefacción.

Energía de los océanos

Es muy grande la posibilidad de utilización de la energía de los mares.

Se pueden mencionar las principales fuentes:

- Energía de las mareas.
- Energía de las olas.
- Aprovechamiento del gradiente térmico del mar.

ENERGÍA DE LAS MAREAS

El efecto de las mareas se deben a la rotación de la tierra y la acción de las fuerzas de gravedad de la luna y el sol.

El resultado de la atracción lunar sobre la tierra está en función de la distancia y origina que la tierra tienda a deformarse en dirección de la luna.

Así, el lado de la tierra que mira a la luna esta más atraído que el centro, y el centro de la tierra a su vez más que el lado opuesto a la luna.

Como resultado la tierra se curva en cada lado, pero como la misma esta constituida por roca firme, no cede mucho ante estos esfuerzos. No ocurre lo mismo con los océanos que al ser flexibles forman una gran curvatura.

De esa manera cuando la tierra gira, el agua de los océanos va aumentando su nivel a medida que se acerca a la luna y disminuye a medida que se aleja.

Así el agua de los continentes se adentra en las costas y luego retrocede, constituyendo lo que se denomina *marea alta y marea baja* respectivamente.

La luna es la que contribuye mayormente en el efecto de las mareas sobre la tierra, mientras que el efecto del sol es muy pequeño. Este efecto de las mareas es muy útil para el aprovechamiento de la energía.

Por ejemplo durante la marea alta el agua puede introducirse en grandes depósitos o embalses naturales, de la que emerge al bajar la misma, pudiéndose utilizar para accionar turbinas hidráulicas, con el fin de proporcionar energía eléctrica.

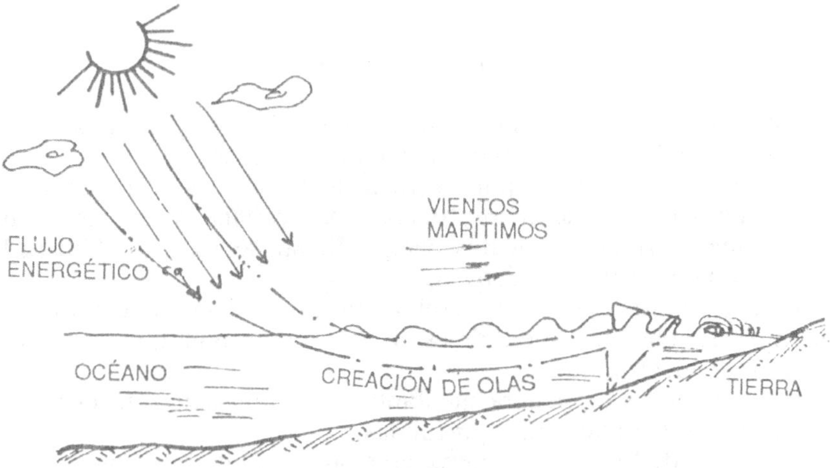

FIG. 3-XI. Diagrama del proceso energético de las olas.

Sin embargo, para que se pueda captar la energía de las mareas deben establecerse dos condiciones físicas:

- Que la amplitud física de las marcas sea como mínimo de varios metros.
- Que la configuración de la costa permitan el embalse de una importante cantidad de agua, sin que requieran obras civiles de gran costo.

Para ello deben utilizarse lugares de bahías y estuarios naturales donde las mareas son altas.

ENERGÍA DE LAS OLAS

La energía de las olas es producida por los vientos, los que a su vez son originados por la energía solar, como se indica en la figura 3-XI.

En las olas regulares, las partículas del agua siguen trayectorias circulares si el agua es muy profunda, o elíptica si la profundidad es pequeña.

En las olas reales del mar el movimiento de las partículas del agua es mucho más complicado que el de las olas regulares.

La densidad de energía de las olas en general es reducida, requiriéndose gran cantidad de elementos para captarla, por lo que se lo emplea en sistemas pequeños, como por ejemplo para impulsar boyas.

Sin embargo, la energía disponible por efecto de las olas del mar es muy grande.

ENERGÍA DEL GRADIENTE TÉRMICO DEL MAR

Esta energía surge de la diferencia entre las temperaturas de las aguas superficiales y de las aguas profundas del mar.

Las aguas superficiales por efecto de la acción del sol se encuentran a mayor temperatura que las profundas, aprovechándose ese gradiente térmico, que en zonas tropicales pueden llegar de 10 a 25 °C para la construcción de centrales eléctricas.

Así, se vaporiza por ejemplo el amoníaco mediante el calor de las aguas superficiales que opera de esa forma una turbina que acciona el generador de electricidad.

El amoníaco se regenera mediante la condensación en el medio frío que constituyen las aguas profundas.

En forma de líquido y a cierta presión mediante una bomba se lo envía nuevamente al evaporador ubicado en las aguas superficiales que lo vuelven a vaporizar en un proceso cerrado y cíclico.

Estas centrales constituyen usinas flotantes que pueden ubicarse en la plataforma continental o sobre la costa.

Producción de hidrógeno

El hidrógeno es un combustible que puede obtenerse mediante la aplicación de energía solar, descomponiendo el agua. El hidrógeno presenta en su aplicación una serie de ventajas en las que se pueden mencionar:

- Alto poder calorífico.
- Excelentes características de combustión.
- Bajo índice de contaminación.
- Obtención a partir de un recurso ilimitado como el agua.

Se pueden consignar tres métodos básicos para la producción de hidrógeno:

- Electrólisis.
- Descomposición fotolítica.
- Descomposición termoquímica.

En el proceso de *electrólisis* el agua se descompone en hidrógeno y oxígeno mediante la aplicación de energía eléctrica. Dicha energía eléctrica puede ser producida por efecto fotovoltaico o mediante energía eólica. *La descomposición fotolítica,* consiste en la utilización de la energía contenida en la luz en forma de fotones. El fenómeno de la fotólisis en el agua solo tiene lugar mediante el uso de fotocatalizadores, que pueden ser por ejemplo, compuestos salinos, con la acción solar.

La *descomposición termoquímica* consiste en la separación de los componentes del agua mediante el calentamiento a altas temperaturas, alrededor de 1.000 °C, utilizando agentes catalizadores.

Para lograr dichas temperaturas puede emplearse sistemas de captación de calor de altas temperaturas, utilizando dispositivos de alta concentración de energía solar.

CAPÍTULO XII

PROBLEMAS AMBIENTALES

Contaminación ambiental

El aire atmosférico está constituido por aire seco y vapor de agua en proporciones variables. El aire seco es una mezcla de varios gases, siendo los más importantes el oxígeno que constituye el elemento básico de la vida formando parte de los procesos de combustión y el nitrógeno que constituye un gas inerte.

Además, existen pequeñas cantidades de dióxido de carbono producto de los procesos de combustión, fermentación y desprendimientos naturales e industriales y otros gases, tales como el argón, neón, criptón, metano, ozono, etc.

De esa manera, puede considerarse en general la composición del aire seco de la siguiente manera:

- Nitrógeno: 77%
- Oxígeno: 22%
- Dióxido de carbono: 0,04% (variable)
- Otros gases: 0,96%

Las alteraciones de la composición del aire es un hecho que normalmente se produce por efectos naturales como las erupciones *volcánicas*, terremotos, incendios forestales, emanaciones de polvo, polen etc., pero las mismas han sido incrementadas en los últimos años por el gran desarrollo tecnológico de la humanidad, sustentada en la explotación de los combustibles fósiles, con la aparición de enormes complejos fabriles, grandes ciudades y un aumento considerable de los medios de transporte automotor.

De modo que, junto a la industrialización tendiente al bienestar y el aumento del nivel de vida de las personas, aparece el problema de la *contaminación ambiental* constituido por la presencia en el aire de sustancias que implican riesgo de daño para la vida animal y vegetal así como los bienes de cualquier naturaleza.

Por ello, cuando estas materias ponen en peligro la salud del hombre, su bienestar o recursos, directa o indirectamente, se los denominan *contaminantes ambientales*.

Los contaminantes ambientales pueden ser clasificados en:

- Primarios
- Secundarios

CONTAMINANTES PRIMARIOS

Los *contaminantes primarios* son sustancias vertidas directamente a la atmósfera desde los focos emisores, los que pueden ser:

Gaseosos
Dióxido de Azufre (SO_2)
Monóxido de Carbono (CO)
Oxidos de Nitrógeno (NO)
Hidrocarburos (HC)

No gaseosos
- Líquidos: Hidrocarburos inquemados
- Sólidos:

-Partículas en suspensión: de 0 a 10 micrones de diámetro y por tanto volátiles.
-Partículas sedimentables: de diámetro superior a 10 micrones, al ser más pesadas tienden a depositarse sobre los elementos o el suelo.

Aerosoles
Producto de la dispersión de contaminantes sólidos y líquidos en un medio gaseoso. Pueden mantenerse en suspensión durante cierto tiempo y su diámetro es de 0,1 a 5 micrones.

CONTAMINANTES SECUNDARIOS

Los *contaminantes secundarios* no son vertidos directamente a la atmósfera y se producen como consecuencia de las transformaciones y reacciones químicas o fotoquímicas que sufren los contaminantes primarios en la misma.

SMOG ATMOSFÉRLCO

Las principales alteraciones producidas por los contaminantes ambientales son la formación del *smog atmosférico*.

La palabra inglesa smog proviene de *smoke*: humo y *fog*: niebla, se usa para designar la contaminación atmosférica que se produce como resultado de la combinación en unas determinadas circunstancias climáticas de ciertos contaminantes emitidos a la atmósfera.

Hay dos tipos diferentes de *smog*:

- Smog industrial
- Smog fotoquímico

Smog Industrial

El llamado *smog industrial* es el producido por los contaminantes primarios por efecto de las emisiones de los gases de escape de las chimeneas de las instalaciones de combustión para generación de calor y energía eléctrica y procesos industriales, tanto por la cantidad como por los tipos de contaminantes emitidos.

Especial atención merecen las centrales térmicas de producción de electricidad cuando los combustibles utilizados son el carbón y el fuel-oil.

Durante el proceso de combustión se libera a la atmósfera el azufre contenido en el combustible en forma de anhídrido sulfuroso (SO_2), junto con otros contaminantes como óxidos de nitrógeno (NO), dióxido de carbono ($C0_2$), metales pesados y una gran variedad de sustancias.

Cuando se utiliza como combustible el carbón, se emiten abundantes partículas finas que pueden ser trasladadas a grandes distancias.

En la actualidad, en las grandes ciudades ya no se queman los combustibles que originan este tipo de contaminación o se emplean eventualmente en instalaciones con sistemas de depuración o simplemente se utiliza el gas natural y raramente se encuentra este tipo de polución en las mismas.

El gas natural es el combustible no renovable más limpio que actualmente se dispone, siendo despreciable su producción de contaminantes en el proceso de la combustión con respecto a los otros energéticos, dado que prácticamente no contiene azufre y por ese motivo la tendencia al uso del gas para calefacción, sustituyendo al gas-oil, fuel oil o carbón utilizados antiguamente.

Sin embargo, como se verá posteriormente los gases de la combustión del gas natural contribuyen al problema ambiental del calentamiento global.

Por otra parte, el automóvil tiende a incrementar los problemas de contaminación atmosférica por efecto de los gases que se emiten por los canos de escape, como el monóxido de carbono (CO), óxidos de nitrógeno (NO), hidrocarburos no quemados (HC) y compuestos de plomo.

Los principales contaminantes emitidos por los vehículos que utilizan motores de ciclo diesel como camiones y autobuses, son partículas sólidas en forma de hollín que da lugar a los humos negros, hidrocarburos no quemados (HC), óxidos de nitrógeno (NO) y anhídrido sulfuroso (SO_2) procedente del azufre contenido en el combustible.

Smog fotoquímico

En muchas ciudades el principal problema lo constituye la producción de contaminantes secundarios lo que origina el llamado *smog fotoquímico*.

Las reacciones fotoquímicas que originan este fenómeno se producen cuando la mezcla de óxidos de nitrógeno e hidrocarburos volátiles reaccionan inducidos por la luz solar, en un complejo sistema de reacciones que forman ozono (O_3) que es una molécula que sigue reaccionando con otros contaminantes presentes en el aire.

Esta reacción se ve favorecida en los casos de fuerte sol y poco viento, ya que dificultan la dispersión de los contaminantes, produciendo el oscurecimiento de la atmósfera dejando un aire teñido de color marrón rojizo cargado de componentes dañinos para los seres vivos y los materiales.

Aunque prácticamente en todas las ciudades del mundo hay problemas con este tipo de contaminación, es importante las que están en lugares con clima seco, cálido, soleado, con poco viento y tienen muchos vehículos.

En la figura 1-XII se muestra esquemáticamente un detalle de los elementos fundamentales que provocan el smog atmosférico.

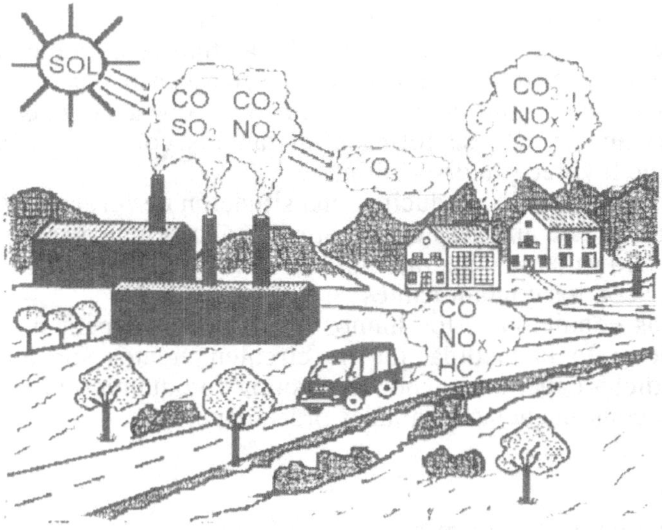

FIG. 1-XII : Elementos contaminantes smog atmosférico

DISPERSIÓN DE CONTAMINANTES

Las principales variables meteorológicas a considerar por la influencia en la diseminación de los contaminantes que componen el smog son determinadas por la acción del viento:

- Con viento: dispersión convectiva horizontal, que depende de la velocidad y dirección del mismo.
- Sin viento: dispersión convectiva vertical, que depende de la estabilidad atmosférica, y del fenómeno de la inversión térmica de las capas de la atmósfera.

El viento realiza el transporte convectivo de los contaminantes, produciendo su dispersión horizontal y por lo general, una mayor velocidad del mismo reduce las concentraciones al nivel del suelo, ya que se produce una mayor dilución y mezcla.

Sin embargo, en caso de no existir vientos el desplazamiento es convectivo vertical y constituye el principal factor que ayuda a la *precipitación seca de las substancias contaminantes* o la *lluvia ácida* porque es uno de los determinantes de su permanecía en la atmósfera.

En efecto, en la situación normal de la atmósfera, la temperatura desciende con la altitud lo que favorece el ascenso por convección natural de los humos emitido por las chimeneas, que al ser más caliente son más livianos y de esa forma arrastran los contaminantes hacia arriba, lo que favorece su dispersión.

Sin embargo, suele producirse una situación de *inversión térmica* cuando una capa de aire más cálido atmosférico se ubica sobre el aire superficial frío y de esa manera, impide la ascensión convectiva natural de los gases con los contaminantes.

En esas condiciones, los humos al no poder dispersarse se van acumulando y en la medida que no circulen vientos son atrapados debajo de dicha capa, originándose el smog fotoquímico al incidir el sol, con las consecuencias detalladas precedentemente.

EFECTOS QUE PROVOCA LA CONTAMINACION AMBIENTAL

Los problemas producidos por la contaminación atmosférica dependen principalmente de la concentración y tipo de contaminante, del tiempo de exposición y de las fluctuaciones temporales en las concentraciones, así como de la sensibilidad de los receptores.

Existen pruebas fehacientes que en general, las concentraciones elevadas de contaminantes en el aire son peligrosas para los seres humanos y animales y se ha comprobado la relación existente entre la contaminación atmosférica, producida por partículas en suspensión de anhídrido sulfuroso y la aparición de dificultades respiratorias y afecciones pulmonares.

Las plantas muestran una especial sensibilidad a la mayor parte de los contaminantes del aire y sufren daños significativos a concentraciones mucho más bajas que las necesarias para causar efectos perjudiciales sobre la salud humana y animal.

Por otra parte, se esta prestando más atención, tanto por sus repercusiones económicas así como por los daños irreparables que la contaminación ácida causa sobre los objetos y materiales de las ciudades, así como los monumentos de alto valor histórico o artístico, la que es favorecida por la presencia de partículas depositadas por la humedad y la temperatura.

Además, la presencia de contaminantes en la atmósfera produce la absorción y dispersión de la luz solar, acompañados de una notable reducción de la visibilidad.

Calentamiento global

Otro problema ambiental importante lo constituye el calentamiento global que se produce como consecuencia de la emisión de gases de invernadero a la atmósfera como el dióxido de carbono (CO_2) dado que sus efectos tienden a alterar los ecosistemas actuales.

Uno de los factores fundamentales que lo originan es el excesivo consumo energético de combustibles fósiles por parte de los países desarrollados, por lo que es necesario imperativamente aumentar la eficiencia energética para reducir su consumo y propender al uso de fuentes de energías no contaminantes como lo representan las derivadas de la energía solar.

En la figura 2-XII se detalla en forma esquemática el proceso de calentamiento global de la tierra debido a la absorción de calor por efecto de la radiación luminosa que llega procedente del sol, atravesando el aire atmosférico.

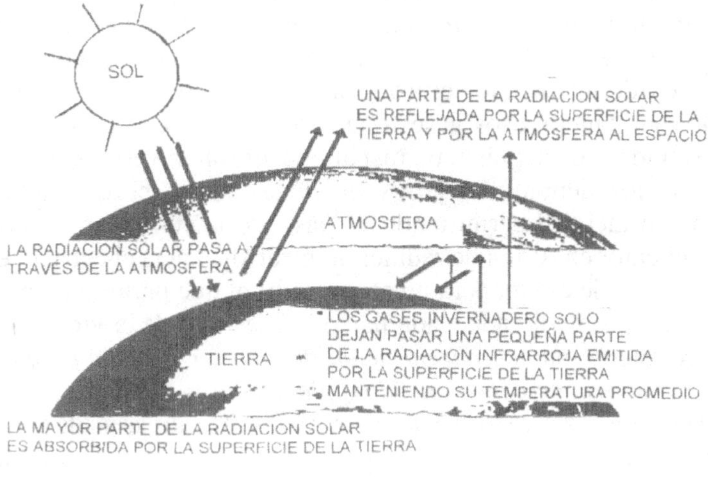

FIG.2-XII: Detalle esquemático del proceso de calentamiento de la tierra

A la vez, parte de ese calor absorbido es reenviado por la tierra al espacio exterior en forma en radiación infrarroja no visible, pero la atmósfera tiene la propiedad de no dejarla pasar, reteniendo de esa manera casi el 90% el calor que se perdería y por ello, realiza un efecto regulador del calor captado, manteniendo una temperatura superficial promedio global de aproximadamente 15°C que permite el desarrollo de la vida humana.

Este efecto es similar al que produce o un vidrio o una substancia plástica trasparente en la ventana de un local como se observa en la figura 5-I del Capítulo I, que dejan pasar la radiación solar en forma de luz visible hacia los objetos interiores y de esa manera, una parte de esa energía absorbida se convierte en calor y aumenta su temperatura y otra se elimina mediante la emisión de radiación infrarroja no visible hacia el exterior, pero la misma no es trasparente a esas radiaciones.

Este calor que queda almacenado dentro del recinto, resulta beneficioso en invierno y se usa en los invernaderos para el cultivo de plantas y es el principio en que se basa el funcionamiento de los colectores solares térmicos y el desarrollo de la arquitectura solar como se ha indicado precedentemente.

El efecto invernadero en la atmósfera es un fenómeno natural y necesario, pero *no es producido por el oxígeno y el nitrógeno que la componen*, dado que son moléculas transparentes tanto a la luz solar como a la radiación térmica emitida por la tierra hacia el cosmos, sino fundamentalmente por el *dióxido de carbono* (CO_2) y el *vapor de agua* que constituye la humedad y las nubes y en menor proporción por el metano, óxido nitroso, los clorofluorocarbonos (CFCs) y el ozono.

De esa manera, esos gases que forma parte de la atmósfera actúan como el vidrio o el plástico trasparente de un invernadero y por ese motivo se los denominan *gases de invernadero*, porque actúan bajo el mismo principio, permitiendo el paso de la luz solar e impidiendo escapar el calor en forma de radiación infrarroja hacia el espacio exterior, constituyendo de esa manera un efecto natural que permite mantener una temperatura promedio adecuada para el desarrollo de la vida.

Pero ocurre que *la concentración de CO_2 y en menor proporción los otros gases invernadero, han crecido rápidamente en los últimos años* debido a la alta emisión y de esa forma, la energía calorífica almacenada tiende a producir un aumento de la temperatura promedio de la tierra y como consecuencia, se están originando cambios climáticos que modifican los ecosistemas y a ese problema medioambiental se lo denomina *calentamiento global.*

Uno de los motivos principales del incremento de la concentración de CO_2 lo constituye la emisión indiscriminada de los gases de la combustión de los combustibles fósiles como el petróleo, gas o carbón, producida fundamentalmente por el desarrollo de las industrias y el transporte automotor especialmente en los países más desarrollados.

EFECTOS QUE PROVOCA EL CALENTAMIENTO GLOBAL

Entre los efectos que produce el calentamiento global se pueden mencionar entre otros, las siguientes:

- Incremento de las precipitaciones en zonas lluviosas.
- Aumento de sequedad del ambiente en las zonas áridas.
- Fusión del hielo polar lo que tiende a elevar el nivel de los mares, lo que a corto plazo puede provocar la inundación de ciudades costeras.

Debe destacarse que este efecto se ve atenuado paradójicamente por la contaminación ambiental producida por el humo y el polvo atmosférico, ya que bloquean parcialmente los rayos solares y producen un descenso de la temperatura.

Medidas a adoptar

Estadísticas actuales determinan que la mayor emisión de contaminantes y de CO_2 son producidos por los países más desarrollados del mundo y las estadísticas están detectando una tendencia inercial en los actuales comportamientos, produciéndose un incremento continuo en el consumo de energía por persona, con el consecuente aumento de la emisión de gases contaminantes y de invernadero.

Por ello, es imprescindible adoptar especialmente en esos países, medidas tendientes al uso de recursos energéticos no contaminantes y lograr una mayor eficiencia energética de los sistemas actuales, reduciendo al mínimo la polución y por otro lado propender al desarrollo de una tecnología basada en energéticos no contaminantes.

De las posibles medidas que pueden tomarse para aprovechar la energía no contaminante proveniente de la energía solar se pueden mencionar las siguientes:

- Empleo de la energía renovable en edificios para producir calor para agua de consumo o calefacción con paneles solares térmicos o para generar electricidad con paneles solares fotovoltaicos o aerogeneradores eólicos.
- Aplicación de pautas de arquitectura bioclimática, tanto en lo que se refiere a climatización a través de aislamientos y protección ante el calor y el frío, así como la iluminación natural, la sustitución de las lámparas convencionales por las de bajo consumo y el empleo de la ventilación natural para la renovación del aire.
- Utilización energética de los residuos orgánicos de las industria como ser papeleras, madereras o agroalimentarias, propendiendo al desarrollo de la biomasa y los biodigestores para la generación de bio-gas.

En cuanto a medidas inmediatas a adoptar, relacionadas con la reducción y más eficiente uso actual de las energías convencionales en la etapa de transición hacia el uso de las energías renovables y no contaminantes se pueden indicar:

- Mejora en la operación y en el mantenimiento de los equipos orientados al ahorro de combustibles y de electricidad.
- Aumento de la eficiencia de los equipos existentes e introducción de componentes auxiliares que aprovechen mejor los diferentes flujos energéticos en la industria.
- Reemplazo de los equipos o sistemas existentes por otros de menor consumo energético.
- Cogeneración o sea la producción combinada de calor y electricidad con mayor eficiencia energética global.
- Desarrollo de edificios inteligentes con sistemas de control tendiente a la reducción del consumo energético
- Adopción de ahorro de materiales y de recuperación y reciclaje de los residuos para evitar un mayor consumo de aquellos y por tanto, una reducción de las emisiones de gases.
- Fomento del usa del transporte público de pasajeros. Utilización de vehículos con tracción eléctrica como trenes o subterráneos generada en lo posible sin el empleo de combustibles fósiles.

El problema de disminuir la contaminación ambiental y contener el calentamiento global es un gran reto para la humanidad y por ello, es necesario que especialmente los países más desarrollados, realicen todos los esfuerzos necesarios destinados por un lado a aumentar la eficiencia energética para reducir el consumo de combustibles y por otro, aprovechar lo antes posible todos los recursos renovables no contaminantes como lo constituyen las fuentes de energéticas provenientes de la energía solar.

Bibliografía recomendada

A fin de profundizar el estudio de los distintos temas que se tratan en esta publicación, se recomienda la siguiente bibliografía:

- NARVAJAS PABLO, *Diseño y cálculo de paneles solares para la obtención de agua caliente*, Servicio de publicaciones del Colegio Oficial de Arquitectos de Madrid, España, 1980.
- CABIROL THIERRY, Pelissou Albert, Roux Daniel, *El calentador solar de agua*, Manuel Company Editores, Barcelona, España, 1980.
- CABIROL THIERRY, *Construcción artesanal de captadores solares*, Manuel Company Editores, Barcelona, España, 1980.
- RAU HANS, *Energía Solar, aplicaciones prácticas,* Marcombo Editores, Barcelona, España, 1980.
- FARRINGTON DANIELS, *Uso directo de la energía solar,* H. Blume Ediciones, Madrid, España, 1978.
- CHAULIAGUET CHARLES, *La energía solar en la edificación,* Editores técnicos asociados, Barcelona, España, 1978.
- INSTITUTO EDUARDO TORROJA DE LA CONSTRUCCIÓN Y DEL CEMENTO, *Bases para el diseño solar pasivo,* Madrid, España, 1983.
- GONZALEZ HURTADO JULIA, *Energía solar*, Editorial Alhambra, Madrid, España, 1978.
- FONTANEL CHARLES, *La bomba de calor, fundamentos y aplicaciones,* Ediciones Marzo, Barcelona, España, 1982.
- BROWN NORMAN L., *Recursos energéticos renovables*, El Cid Editor, México, 1978.
- MILLARD REED, *La crisis de la energía*, Editores Asociados, México, 1971.
- MARAGGI EDUARDO, *Energía Geotérmica*, Ediciones Pannedille, Buenos Aires, Argentina, 1970.
- LA RECHERCHE, *Las nuevas energías*, Hyspamérica Ediciones, Buenos Aires, Argentina, 1987.
- BACQ RAYMOND, *La energía solar y las bombas de calor*, Ediciones Lidiun, Buenos Aires, Argentina, 1986.
- HALACY JR. D. S., *Tierra, agua, viento y sol, nuevas alternativas energéticas*, Ediciones Tres Tiempos, Buenos Aires, Argentina, 1978.
- SSOKALAY S. V., *Energía solar y edificación*, Editorial Blume, Barcelona, España, 1979.
- SECRETARIA DE ASENTAMIENTOS HUMANOS Y OBRAS PÚBLICAS DE MÉXICO, *Cartillas sobre energía solar,* 1979.
- CUSA RAMOS JUAN, *Chimenea*, Ediciones Ceac, Barcelona, España, 1978.
- MANRIQUE JOSÉ A., *Diseño y construcción de una casa solar,* Instituto Tecnológico y de Estudios Superiores de Monterrey, México, 1980.
- GODOY RICARDO C., *Detalle de las Instalaciones de una Central de E.S.F.* , Editorial Emma Fiorentino, Buenos Aires, Argentina, 1984.
- MORENO MIGUEL ANGEL, *Aprovechamiento de la Energía Solar*, Publicación del Gobierno de San Juan, Argentina.
- COMISIÓN NACIONAL DE INVESTIGACIONES ESPACIALES REPÚBLICA ARGENTINA, Red Solarimetrica, 1987.

Publicaciones del autor

- *Instalaciones de aire acondicionado y calefacción*. Editorial Alsina.
- *Manual de cálculo de aire acondicionado y calefacción*. Editorial Alsina.
- *Instalaciones de gas*. Editorial Alsina.
- *Instalaciones eléctricas en edificios*. Editorial Cesarini.
- *Instalaciones sanitarias*. Editorial Cesarini.
- *Instalaciones de potección contra incendios*. Editorial Alsina.
- *Energía fotovoltaica*. Editorial Alsina.
- *Sistemas de aire acondicionado*. Editorial Alsina.